Konzernbewertung mit SAP S/4HANA® Material-Ledger

Rudolf Poppenberger

Willkommen bei Espresso Tutorials!

Unser Ziel ist es, SAP-Wissen wie einen Espresso zu servieren: Auf das Wesentliche verdichtete Informationen anstelle langatmiger Kompendien – für ein effektives Lernen an konkreten Fallbeispielen. Viele unserer Bücher enthalten zusätzlich Videos, mit denen Sie Schritt für Schritt die vermittelten Inhalte nachvollziehen können. Besuchen Sie unseren YouTube-Kanal mit einer umfangreichen Auswahl frei zugänglicher Videos: *https://www.youtube.com/user/EspressoTutorials.*

Kennen Sie schon unser Forum? Hier erhalten Sie stets aktuelle Informationen zu Entwicklungen der SAP-Software, Hilfe zu Ihren Fragen und die Gelegenheit, mit anderen Anwendern zu diskutieren:

http://www.fico-forum.de.

Eine Auswahl weiterer Bücher von Espresso Tutorials:

- Andreas Unkelbach, Martin Munzel:
  Abschlussarbeiten im Gemeinkosten-Controlling in SAP S/4HANA® *http://5360.espresso-tutorials.de*
- Christoph Theis, Stefan Eifler:
  Werteflüsse in die SAP®-Ergebnisrechnung (CO-PA) unter S/4HANA® *http://5394.espresso-tutorials.de*
- Michael Kroschwitz:
  Embedded Analytics in SAP S/4HANA®
  http://5458.espresso-tutorials.de
- Tom King:
  Materialbewertung und das Material-Ledger in SAP S/4HANA®
  http://5711.espresso-tutorials.de
- Nora Voigt:
  Praxishandbuch SAP S/4HANA® Controlling
  https://es-tu.de/zVyJR
- Stefan Eifler:
  Schnelleinstieg in die SAP®-Ergebnisrechnung (CO-PA) –
  2., erweiterte Auflage *https://es-tu.de/WAuw52*

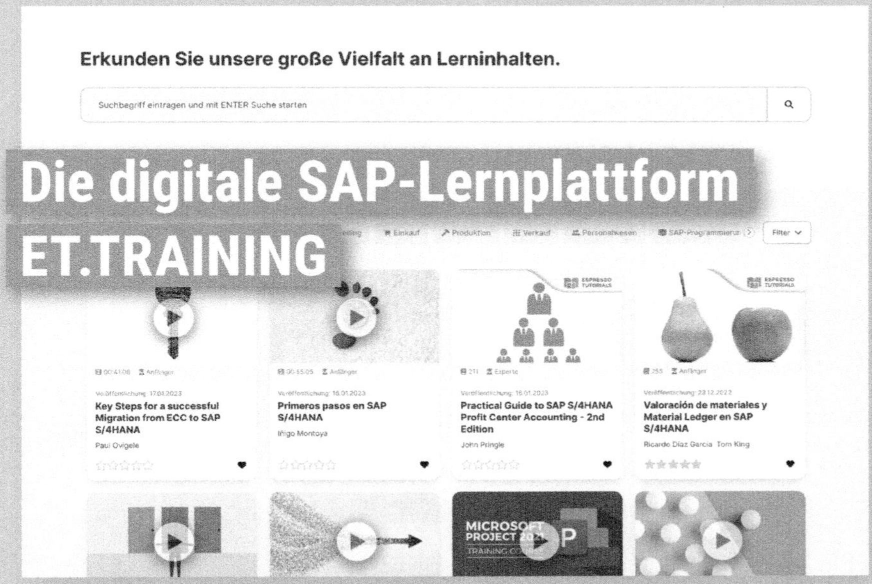
Erkunden Sie unsere große Vielfalt an Lerninhalten.
Suchbegriff eintragen und mit ENTER Suche starten
Die digitale SAP-Lernplattform
ET.TRAINING
Key Steps for a successful Migration from ECC to SAP S/4HANA
Paul Ovigele
Primeros pasos en SAP S/4HANA
Iñigo Montoya
Practical Guide to SAP S/4HANA Profit Center Accounting - 2nd Edition
John Pringle
Valoración de materiales y Material Ledger en SAP S/4HANA
Ricardo Díaz García, Tom King
MICROSOFT PROJECT 2021

Bibliografische Information der Deutschen Nationalbibliothek
Die Deutsche Nationalbibliothek verzeichnet diese Publikation in der Deutschen Nationalbibliografie; detaillierte bibliografische Daten sind im Internet über https://portal.dnb.de abrufbar.

Rudolf Poppenberger
Konzernbewertung mit SAP S/4HANA® Material-Ledger

ISBN: 978-3-960122-18-0

Lektorat: Bernhard Edlmann

Korrektorat: Die Korrekturstube

Coverdesign: Philip Esch

Coverfoto: © shaunl | Nr. 1311124261 – istockphoto.com

Satz & Layout: Johann-Christian Hanke

1. Auflage 2023

URL: *www.espresso-tutorials.de*

Feedback:
Wir freuen uns über Fragen und Anmerkungen jeglicher Art. Bitte senden Sie diese an: *info@espresso-tutorials.com*.

Inhaltsverzeichnis

Vorwort

»Die einzige Konstante im Leben ist die Veränderung.« Diese Worte schrieb bereits vor zweieinhalbtausend Jahren der griechische Philosoph Heraklit, und sie sind heute noch so aktuell wie eh und je. Wenn man auf die Entwicklung der SAP-Systeme schaut, sieht man dies bei den Funktionen, die SAP anbietet und die die Kunden nutzen.

Was die Konzernbewertung angeht, erkennt man über die letzten Jahre eine permanente Ausweitung sowie Verbesserungen der verfügbaren Funktionen, die sich laufend fortsetzen.

So wurde mit dem S/4HANA-Release vom November 2022, das Universal Parallel Accounting (UPA) ausgeliefert, das die Ledger-Technik in allen Finanzmodulen komplett umsetzt. Dies hat wesentliche Auswirkungen auf die Konzernbewertung.

Auch arbeiten mehr und mehr Kunden mit der Konzernbewertung. Dies ist meist bedingt durch die Tatsache, dass die Warenproduktion wie auch der Warenfluss zum Kunden immer öfter über mehrere legale Einheiten hinweg erfolgt und somit die Kostentransparenz abnimmt: Eine »durchgestochene Konzernkalkulation mit Plan- und Ist-Werten« ist gefordert.

Für einen Planpreis, der zu Berichtszwecken diente, war bisher oft eine einfache buchungskreisübergreifende Kalkulation ausreichend. Aktuell wird immer häufiger eine »echte« Konzernbewertung gefordert, die folgende Merkmale aufweist:

- Die Werte werden als Standardpreis (S-Preis) im Materialstamm hinterlegt und entsprechend gebucht.
- Im Ist erfolgt eine buchungskreisübergreifende Ist-Kosten-Nachverrechnung (IKN).
- Die Werte (Plan, Ist und Abweichungen) können auch in der Ergebnisrechnung und weiteren Berichten angezeigt werden.

Wie ist das Buch aufgebaut? In den ersten beiden Kapiteln erkläre ich Ihnen zunächst die betriebswirtschaftliche Bedeutung der Konzernbewertung und welche Informationen sie liefern muss. Dies ist eine Einleitung, die für alle Leser geeignet ist.

Kapitel 3 erklärt das erforderliche Customizing. Ziel ist es jedoch nicht, jede einzelne Einstellung aller relevanten Module im Detail zu erklären. Ich werde aber auf die für die Konzernbewertung relevanten Punkte eingehen. Deshalb ist dieses Kapitel für die sogenannten SAP-Customizer von großem Interesse.

Das folgende Kapitel 4 beschäftigt sich bereits mit einer technischen Spezialfrage, die teilweise (je nach Ausprägung) Voraussetzung für das Funktionieren der Konzernbewertung ist: Es geht um die sogenannte Stock-in-Transit(SiT)-Funktion. Dieses Kapitel habe ich eingefügt, weil viele meiner Kunden diese Funktion, die es schon lange gibt, gar nicht kannten bzw. (noch) nicht verwendet haben. Aber sobald sie sie einmal für die Konzernbewertung und das Material-Ledger (ML) einsetzen, wird ihr Appetit auf SiT noch größer. Daher ist dieses Kapitel für jene – und vor allem für Logistiker – geeignet, die diese Funktion besser verstehen und eventuell einführen wollen.

Die Anwendung der Konzernbewertung und die dafür zur Verfügung stehenden Funktionen sind in Kapitel 5 beschrieben. Hier wird der Ablauf der Konzernbewertung anhand eines einfachen Beispiels illustriert. Somit setzt dieses Kapitel ein gewisses SAP-Anwender-Knowhow voraus, da sowohl logistische Prozesse als auch entsprechende Buchungen und Datenfortschreibung dargestellt und erklärt werden.

Abschließend gehe ich auf einige Herausforderungen ein, vor die uns die Anwendung der Kalkulation im Alltag stellt. Also ein Kapitel, das sich an jene Leser wendet, die mit der Konzernbewertung in SAP arbeiten möchten.

Aufgrund dessen ist dieses Buch für SAP-Anwender, Key-User, Customizer sowie SAP-Berater als Einstieg in das Thema geeignet. Voraussetzung hierfür sind Grundkenntnisse zu allen üblichen SAP-Modulen, wie FI, MM, PP, SD und vor allem CO (und innerhalb des CO das CO-PC) sowie ML, da nebst Vorgängen im CO auch die erforderlichen Materialbewegungen in den Logistikmodulen für die Konzernbewertung relevant sind. Idealerweise kennt der Leser bereits das Buch »Materialbewertung und das Material-Ledger in SAP S/4HANA« (Tom King, Espresso Tutorials 2021).

Weil die Konzernbewertung ein globales Thema ist und daher die Systemausprägung inklusive der Texte meist nur in Englisch existiert, enthalten auch die Screenshots in diesem Buch i. d. R. englische Beschriftungen.

Dank

Ich möchte mich beim gesamten Team von Espresso Tutorials für die Unterstützung bedanken. Ohne eure Hilfe hätte ich dieses Buch niemals umsetzen können.

Zudem bin ich zahlreichen weiteren Menschen zu Dank verpflichtet.

Bei meinem Kunden Infineon in München konnte ich mit dem gesamten Controlling-Team die Konzernbewertung umsetzen und darüber hinaus die Vielzahl der Funktionen des Material-Ledger auch im Produktivsystem einsetzen – eine Herausforderung im besten Sinne! Mein Dank gebührt Martina Hiller, Andreas Hofmann, Christian Heimerl sowie deren Vorgesetzten Sascha Krall und Markus Dolpp.

Zudem haben mich viele Kolleginnen und Kollegen von der SAP (Janet Salmon, Johannes Gierse, Hendrik Ahlgrimm und Ralph Humbert) sowie auch meine Kolleginnen und Kollegen bei der ACN, Renate Neumayr und Ewald Reischl, immer hervorragend unterstützt.

Ganz besonders bedanke ich mich bei meiner Familie für die Unterstützung – so einige Stunden unserer gemeinsamen Freizeit habe ich diesem Buch gewidmet.

Mein persönliches Fazit: Jede SAP-Einführung ist – wie das Schreiben dieses Buches – nur im Team möglich!

In den Text sind Kästen eingefügt, um wichtige Informationen besonders hervorzuheben. Jeder Kasten ist zusätzlich mit einem Piktogramm versehen, das diesen genauer klassifiziert:

Hinweis

Hinweise bieten praktische Tipps zum Umgang mit dem jeweiligen Thema.

Beispiel

Beispiele dienen dazu, ein Thema besser zu illustrieren.

! Achtung

Warnungen weisen auf mögliche Fehlerquellen oder Stolpersteine im Zusammenhang mit einem Thema hin.

Die Form der Anrede

Um den Lesefluss nicht zu beeinträchtigen, verwenden wir im vorliegenden Buch bei personenbezogenen Substantiven und Pronomen zwar nur die gewohnte männliche Sprachform, meinen aber gleichermaßen Personen weiblichen und diversen Geschlechts.

Hinweis zum Urheberrecht

1 Einleitung und Motivation

Hier gehe ich auf die betriebswirtschaftliche Bedeutung der Konzernbewertung ein. Dazu ist es erforderlich, die Abgrenzung zur legalen Bewertung zu verstehen bzw. diese zu betrachten.

Bei der *legalen Bewertung* werden die Werte in der Buchhaltung nach gesetzlichen und steuerrechtlichen Vorschriften gebucht. Dabei ist es irrelevant, ob dies nach internationalen Regeln (wie IFRS) oder lokalen Vorschriften (wie HGB, UGB oder US-GAAP) erfolgt. So werden beispielsweise in der legalen Bewertung die Wareneingänge von ausländischen Tochtergesellschaften inklusive deren *Gewinnaufschlag (I/C-Marge oder Intercompany-Marge)* bewertet. Auch bei der Bestandsbewertung ist dieser »legale Wert« die Basis für die Bewertung.

Bei der *Konzernbewertung* geht es um die Darstellung von Kosten über mehrere legale Einheiten **ohne** die Gewinnaufschläge der einzelnen Firmen. Hintergrund dieser Anforderung ist, dass die legale Bewertung immer nur die Sicht einer einzelnen legalen Einheit darstellt. Aus verschiedensten Gründen ist es aber erforderlich und sinnvoll, die Wertschöpfungskette inklusive aller Kosten so darzustellen, als ob sämtliche Schritte in nur einer einzigen legalen Einheit erfolgen. Diese Darstellung wird in SAP – egal, ob in ECC oder S/4HANA – durch die Konzernbewertung erreicht.

Wie kommt es zu dieser Anforderung?

Üblicherweise beginnt die Laufbahn eines Unternehmens mit einer einzigen legalen Einheit, in der sowohl die Produktion als auch der Vertrieb abgewickelt werden. Wie in Abbildung 1.1 dargestellt, erfolgen die Produktion des HALB 1, der Zukauf des HALB 2 und die Fertigstellung der FERT in einem einzigen Betrieb. Darüber hinaus erfolgt auch der Vertrieb innerhalb dieser legalen Einheit.

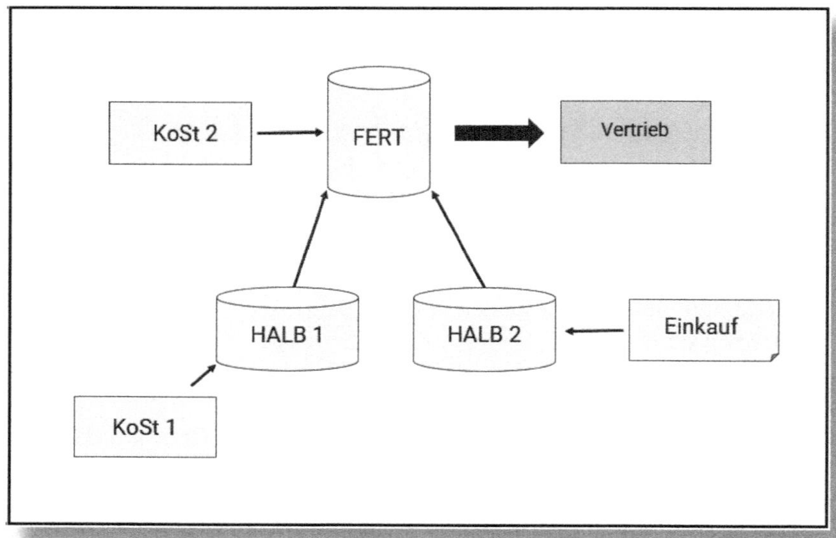

Abbildung 1.1: Eine legale Einheit

Eine Verfolgung der Kosten und die Darstellung des Deckungsbeitrags (DB) von FERT sind in einer solchen Einheit meist sehr einfach. Hierfür sind lediglich die bewerteten Einsatzmaterialen und -leistungen, ggf. mit eventuellen Zuschlägen, aufzuaddieren. Die Leistungen werden dabei mittels eines Tarifs je Zeiteinheit (Stunden oder Minuten) bewertet. Die Tarife werden für die relevanten Fertigungskostenstellen ermittelt und beinhalten vor allem Personalkosten, Abschreibungen, Instandhaltungen und weitere Kosten.

Oft werden aber zu einem späteren Zeitpunkt mehrere legale Einheiten gegründet. In unserem Beispiel – dargestellt in der Abbildung 1.2 – erzeugt die erste Einheit das HALB 1, die zweite Einheit produziert das FERT, und die dritte Einheit verkauft an den Kunden.

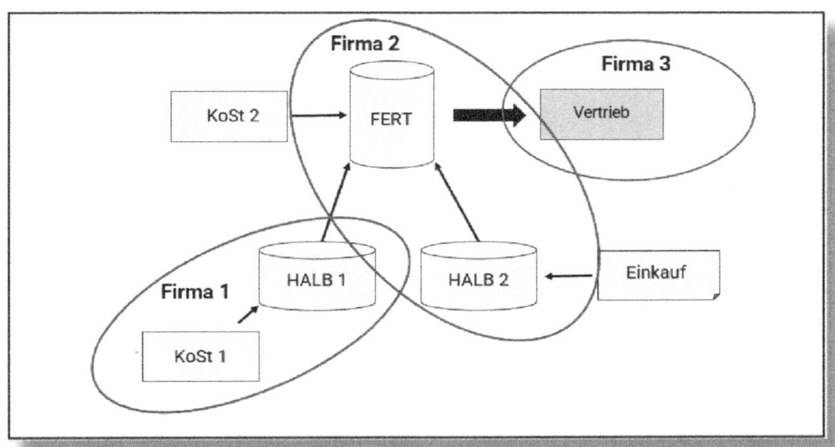

Abbildung 1.2: Mehrere legale Einheiten

Bei solchen Konstellationen müssen – vor allem aufgrund (steuer-) rechtlicher Anforderungen – Verrechnungen mit Gewinnaufschlägen zwischen den Einheiten definiert werden. Dies führt dazu, dass die Gewinne in verschiedenen Unternehmen (dabei oft in unterschiedlichen Ländern und Währungen) und meist zu unterschiedlichen Zeitpunkten auftreten.

Die legalen Rechnungsvorschriften – egal, ob lokale GAAP oder IFRS – sind nicht in der Lage, eine durchgestochene Konzernkalkulation oder einen (Ist-)Kostenfluss ohne Gewinnaufschläge darzustellen.

Aus diesem Grund gibt es in SAP die Möglichkeit, eine Konzernbewertung einzurichten, die die gesamte Wertschöpfungskette innerhalb des Konzerns ohne Gewinnaufschläge darstellt. Diese Funktion ist sowohl im Plan (Standardkalkulation) als auch im Ist (samt der Ist-Kosten-Nachverrechnung) verfügbar.

2 Betriebswirtschaftliche Anforderungen an die Konzernbewertung

Hier schreibe ich über die erforderlichen Funktionen sowie die Informationen, die eine Konzernbewertung liefern muss. Am Ende dieses Kapitels verstehen Sie, wozu man eine Konzernbewertung einsetzt und welchen Mehrwert sie bringt.

Um die Anforderungen an eine Konzernbewertung und deren Lösungsdarstellung zu veranschaulichen, verwende ich ein einfaches Beispiel.

Hierbei geht es nicht nur um

- eine konzernweite Plankalkulation,
- die Anforderungen an die Ist-Buchungen sowie die
- Nachverrechnung der Abweichungen über legale Einheiten hinweg.

Auch die Kostenkomponenten der Kalkulation sollen dabei mit Plan- und Ist-Daten versorgt werden.

Diese Daten bilden die Basis für weitere Berichtsanforderungen, wie beispielsweise die Darstellung einer konzernweiten mehrstufigen und mehrdimensionalen Deckungsbeitragsrechnung nach Plan und/oder Ist in der Ergebnisrechnung.

Hinweis: In diesem Beispiel wird bewusst auf Zuschläge, mehrere Leistungsarten und Transportkosten verzichtet, um die Darstellung so einfach wie möglich zu halten.

☛ Transportkosten in der Konzernbewertung

Die Transportkosten muss man in der Konzernbewertung mittels Zuschlags- oder Template-Funktion abbilden. Der SAP-Hinweis 679587 – Rohstoffkalkulation mit Sonderbeschaffung Umlagerung – bietet hierzu Unterstützung.

Achtung: Wenn man die Transportkosten nicht getrennt behandelt, werden diese in der Intercompany Marge (I/C-Marge) inkludiert.

2.1 Konzernplankalkulation

Das Ziel der Konzernplankalkulation ist, die Werte über den gesamten Konzern ohne Intercompany Marge (I/C-Marge), darzustellen. Beginnen wollen wir aber der Einfachheit halber mit der legalen Bewertung innerhalb einer legalen Einheit.

In Abbildung 2.1 haben wir das vorherige Beispiel um Werte ergänzt: HALB 1 wird in der Standardkalkulation mit einem Wareneinsatz (Stückliste, StüLi) bzw. mit Rohstoffen (ROH) in Höhe von 4 EUR und einer Eigenleistung von 3 EUR erzeugt; HALB 2 wird um 8 EUR zugekauft und das FERT mit einer Eigenleistung von 5 EUR fertiggestellt. Somit ergibt sich ein Bestandswert bzw. Standardpreis in Höhe von 20 EUR (4 EUR + 3 EUR + 8 EUR + 5 EUR).

Bei einem Verkauf zu 30 EUR folgt daraus ein Profit oder Deckungsbeitrag in Höhe von 10 EUR (30 EUR Erlös minus 20 EUR Kosten).

Wenn man sich diese Daten nun einerseits nach Kostenkomponenten und andererseits in der Ergebnisrechnung betrachtet, ergeben sich die Werte aus Abbildung 2.2.

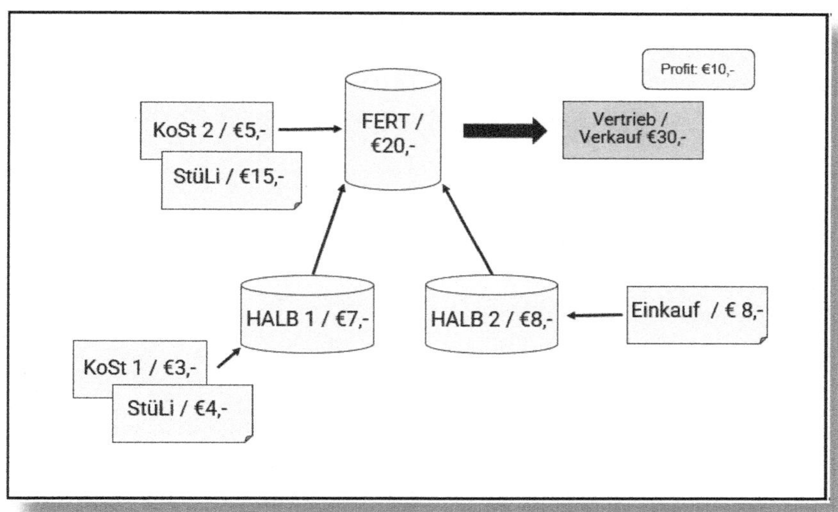

Abbildung 2.1: Standardpreis in einer legalen Einheit

S-Preis – Kostenkomponenten		Deckungsbeitragsrechnung	
FIRMA	1	FIRMA	1
ROH	4 ,-	Erlös	30 ,-
HALB / ZUKAUF	8 ,-	Wareneinsatz	12 ,-
HALB / ZUKAUF I/C	-	**DB 1**	**18 ,-**
EIGEN	8 ,-	Eigenleist.	8 ,-
		DB 2	**10,-**
S-PREIS	**20,-**		

Abbildung 2.2: Komponenten und Deckungsbeitragsrechnung in einer legalen Einheit

Der Deckungsbeitrag wird dabei in der Ergebnis- oder Deckungsbeitragsrechnung ermittelt. Dabei werden meist die Komponenten der direkten Wareneinsätze (12 EUR) dem Erlös (30 EUR) gegenübergestellt und so der Deckungsbeitrag 1 (nach Wareneinsatz) ermittelt. Davon kann man dann weitere Komponenten, wie in unserem Bespiel die Eigenleistungen, abziehen, um den Deckungsbeitrag 2 zu ermitteln. Diese Darstellung variiert natürlich von Betrieb zu Betrieb – für uns ist hier die Aussage wichtig, dass man diese Werte in Berichten »je nach Bedarf« ausweisen kann.

Wenn das gleiche Produkt in zwei Firmen gefertigt und in einer dritten Firma verkauft wird, dann ergibt sich aufgrund der erforderlichen buchungskreisübergreifenden I/C-Verrechnungspreise ein komplizierteres Bild, wie in Abbildung 2.3 dargestellt.

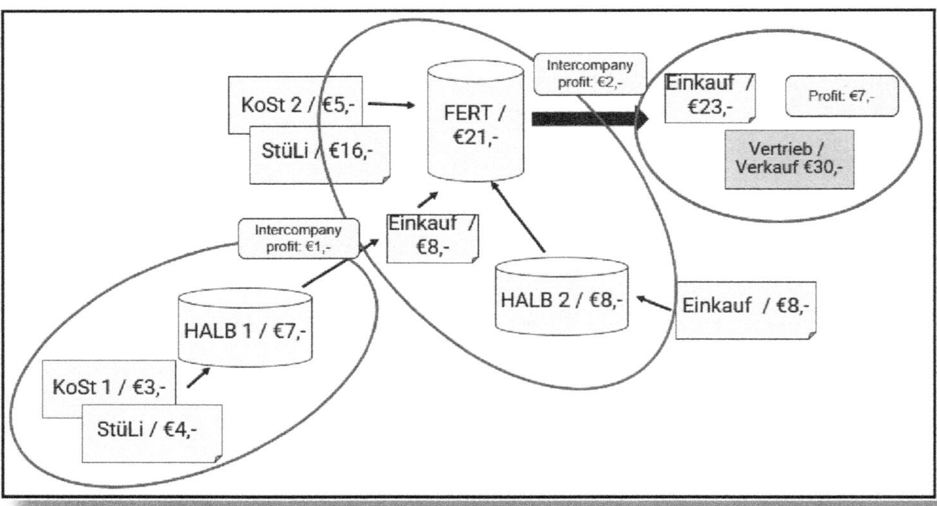

Abbildung 2.3: Standardpreis in mehreren legalen Einheiten

Firma 1 erzeugt das HALB 1 nach wie vor zu 7 EUR, das FERT wird jedoch (aus legaler Sicht) mit einem höheren Wareneinsatz bewertet, da Firma 2 das HALB 1 um 8 EUR, also mit einem Gewinnaufschlag (I/C-Marge) zukaufen muss. Der Hintergrund ist, dass jede Firma Gewinne erzielen, ergo auch Steuern zahlen soll/muss. Daher hat das FERT aus legaler Sicht nun einen Bestandswert in Höhe von 21 EUR.

Das Vertriebsunternehmen kauft das FERT (ebenfalls mit einem Gewinnzuschlag bzw. einer I/C-Marge) zu 23 EUR, kann also bei einem

Verkaufspreis von 30 EUR nur noch einen Deckungsbeitrag von 7 EUR erreichen.

S-Preis – Darstellung Kostenkomponenten			
FIRMA	1	2	3
ROH	4 ,-	-	-
HALB / ZUKAUF	-	8,-	-
HALB / ZUKAUF I/C	-	8,-	23 ,-
EIGEN	3 ,-	5,-	-
S-PREIS	**7,-**	**21,-**	**23,-**

Deckungsbeitragsrechnung			
FIRMA	1	2	3
Erlös	8 ,-	23,-	30,-
Wareneinsatz	4 ,-	16,-	23,-
DB 1	**4 ,-**	**7,-**	**7,-**
Eigenleist.	3 ,-	5,-	-
DB 2	**1,-**	**2,-**	**7,-**

Abbildung 2.4: Komponenten und Deckungsbeitragsrechnung in mehreren legalen Einheiten – legale Sicht

Sieht man sich diese Daten nach Kostenkomponenten und in der Ergebnisrechnung an, ergeben sich die aus Abbildung 2.4 ersichtlichen Werte:

- Firma 1 produziert das HALB 1 zu 7 EUR, verkauft um 8 EUR und erhält einen Deckungsbeitrag in Höhe von 1 EUR.
- Firma 2 kauft das HALB 1 zu 8 EUR zu, produziert somit das FERT zu 21 EUR und verkauft es für 23 EUR. Damit liegt der Deckungsbeitrag bei 2 EUR.
- Firma 3 kauft das FERT zu 23 EUR, erzielt einen Erlös von 30 EUR und damit einen Deckungsbeitrag in Höhe von 7 EUR.

An diesem Beispiel ist leicht zu erkennen, dass der Deckungsbeitrag des FERT für den Konzern nicht mehr aus einem Report ersichtlich ist, dies resultiert vor allem auch aus dem Umstand, dass die einzelnen Buchungen in verschiedenen Perioden anfallen, unterschiedliche Mengen aufweisen und parallel viele Produkte buchungskreisübergreifend geliefert und verrechnet werden können.

Darüber hinaus gilt es zu berücksichtigen, dass in der Ergebnisrechnung der Vertriebsfirma keine Details zu den Kostenkomponenten zu sehen sind. Die gesamten Kosten sind in einer einzigen Komponente inklusive aller Margen der Vorstufen addiert. Eine detaillierte Auswertung ist nicht mehr möglich.

Daraus ergeben sich an dieser Stelle bereits die ersten Fragen:

- Wie hoch ist der Konzernertrag für das FERT?
- Wie verteilen sich die konzernweiten Kosten über die Kostenkomponenten, und wie wirken sich Änderungen einzelner Komponenten auf das FERT aus?

Mit der Durchführung einer buchungskreisübergreifenden Kalkulation lassen sich diese Fragen einfach beantworten.

Abbildung 2.5 zeigt, dass die Einkaufspreise den Gewinnaufschlag der liefernden Einheit nicht berücksichtigen. Somit wird HALB 1 in Firma 2 mit 7 EUR (Konzernwert) bewertet, die StüLi wird mit 15 EUR und das FERT also mit 20 EUR ermittelt.

Auch in der Vertriebseinheit wird das FERT mit 20 EUR bewertet; die Marge beträgt somit aus Konzernsicht 10 EUR.

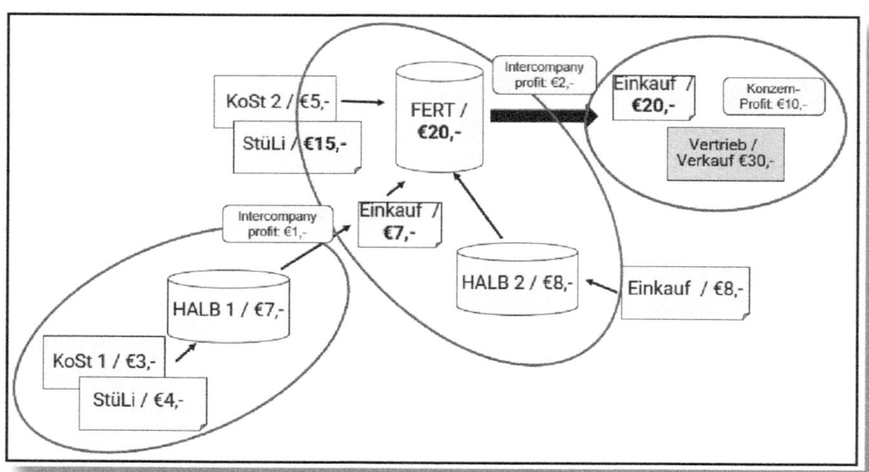

Abbildung 2.5: Standardpreis über mehrere legalen Einheiten – Konzernsicht

Wie in Abbildung 2.6 erarbeitet, werden die Kosten auf Komponentenebene von Einheit zu Einheit durchgereicht. In der der letzten Einheit werden schließlich alle Details dargestellt:

- Die Bewertung des HALB 1 in Firma 2 ist 7 EUR.
- Der Standardpreis des FERT in Firma 2 wie auch Firma 3 beträgt 20 EUR.
- Daraus folgt: Die Konzern-Deckungsbeitragsrechnung ergibt nun das gleiche Bild wie bei der Darstellung mit nur einer legalen Einheit (siehe Abbildung 2.2).
- In der zweiten Firma werden die Kosten für den Rohstoff und die Eigenleistung der ersten Firma ohne Aufschlag übernommen und die Kosten des zugekauften Materials sowie die Eigenleistungen ergänzt.
- In der Vertriebsfirma werden diese Werte im Detail übernommen.

S-Preis – Darstellung Kostenkomponenten			
FIRMA	1	2	3
ROH	4,-	4,-	4,-
HALB / ZUKAUF	-	8,-	8,-
HALB / ZUKAUF I/C	-	-	-
EIGEN	3,-	8,-	8,-
S-PREIS	**7,-**	**20,-**	**20,-**

DB-Rechnung	
KONZERN	
Erlös	30,-
Wareneinsatz	12,-
DB 1	**18,-**
Eigenleist.	8,-
DB 2	**10,-**

Abbildung 2.6: Komponenten und Deckungsbeitragsrechnung in mehreren legalen Einheiten – Konzernbewertung

Auf diese Weise lässt sich im Ergebnisbericht die Marge auf Konzernebene ebenso darstellen wie die detaillierten Kosten nach Kostenkomponenten. Dies beantwortet die oben gestellten Fragen.

2.2 Ist-Buchungen

Nehmen wir nun vereinfacht dargestellt folgende Ist-Buchungen an:

- Die Kosten auf der Kostenstelle 1 (KoSt 1) erhöhen sich um etwas über 10 Prozent. In unserem Beispiel steigt der Ist-Tarif dadurch von 3 EUR auf 3,50 EUR.
- Die Kosten auf der Kostenstelle 2 (KoSt 2) erhöhen sich um 20 Prozent, daher steigt der Ist-Tarif von 5 EUR auf 6 EUR.
- Die Einkaufskosten des ROH erhöhen sich von 4 EUR auf 4,50 EUR.
- HALB 1 wird von Firma 1 an Firma 2 für 8 EUR verkauft.
- HALB 2 erfährt beim Einkauf eine Erhöhung von 8 EUR auf 9 EUR.
- Das FERT wird von Firma 2 zu 23 EUR an die Vertriebsgesellschaft verkauft.
- Die Vertriebsgesellschaft verkauft das FERT für 30 EUR.

Die höheren Kosten können unterschiedliche Ursachen haben und sind natürlich entsprechend zu »controllen«. Für unser Beispiel ist dies aber irrelevant, da hier nur die Verrechnung dieser Abweichungen dargestellt werden soll, die im Rahmen des Monatsabschlusses erfolgt.

2.3 Monatsabschluss

Wenn wir nun die Ist-Buchungen in den Monatsabschluss einfließen lassen, ergeben sich in unserem Beispiel andere Werte für die Materialien und infolgedessen jeweils ein Ist-Preis, der vom Standardpreis entsprechend abweicht.

In einem ersten Schritt betrachten wir die Ist-Werte wiederum innerhalb einer legalen Einheit.

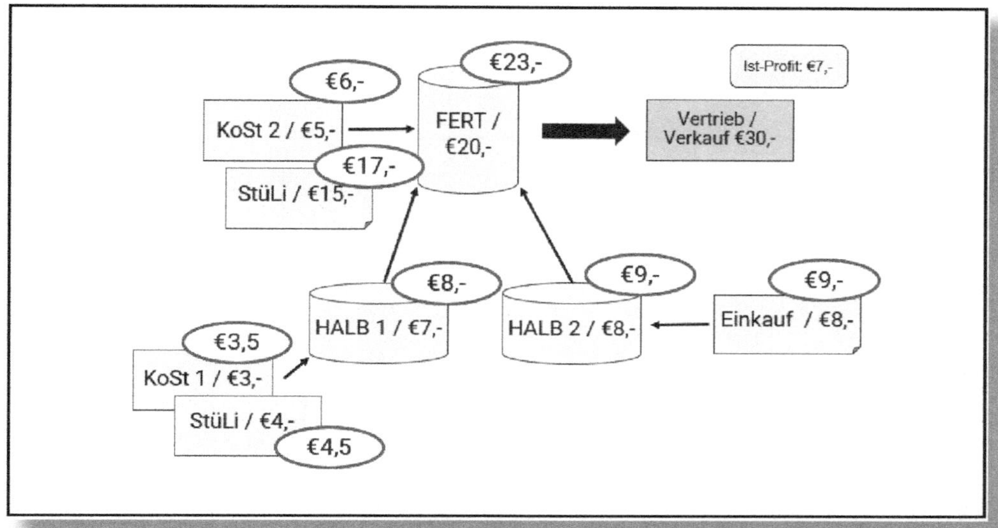

Abbildung 2.7: Ist-Preise in einer legalen Einheit – legale Bewertung

Aus Abbildung 2.7 ergeben sich folgende Werte:

- Die Kosten in der Kostenstelle 1 sind gestiegen, woraus ein Ist-Tarif von 3,50 EUR folgt.
- Ebenso sind die Einsatzmaterialien teurer geworden, deshalb wird ROH mit 4,50 EUR bewertet.
- Dadurch ergeben sich Abweichungen beim Ist-Tarif und bei der Ist-StüLi um jeweils 0,50 EUR. Dies addiert sich für das HALB 1 auf 1 EUR, ergo auf einen Ist-Wert in Höhe von 8 EUR.
- Ebenso wurde das HALB 2 für 9 EUR zugekauft; eine weitere Abweichung um 1 EUR.
- Dies hat zur Konsequenz, dass die Ist-StüLi für das FERT um 2 EUR auf 17 EUR gestiegen ist.
- Da auch die Kosten der Kostenstelle 2 höher als geplant ausfallen und der Ist-Tarif 6 EUR beträgt, summieren sich die gesamten Abweichungen für das FERT auf 3 EUR.

- Der Ist-Wert des FERT beträgt 23 EUR.
- Somit sinkt der Deckungsbeitrag entsprechend von 10 EUR auf 7 EUR.

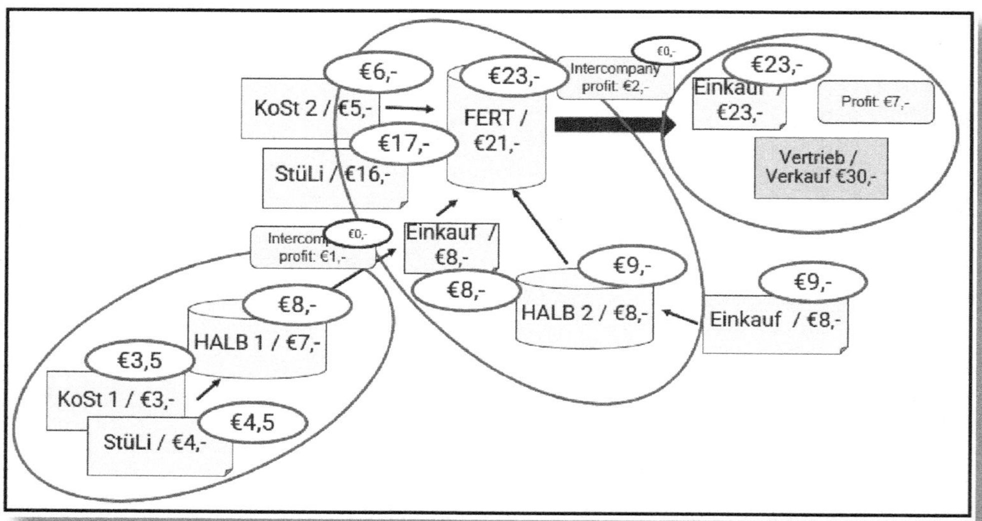

Abbildung 2.8: Ist-Preise in mehreren legalen Einheiten – legale Bewertung

Legt man nun diese Ist-Kosten-Situation auf die vorhin erwähnten drei Firmen um, ergibt dies aus legaler Sicht, dargestellt in Abbildung 2.8, folgendes Bild:

- Firma 1 hat beim HALB 1 eine Abweichung in Höhe von 1 EUR, die sie aber ohne entsprechende vertragliche Vereinbarung nicht an Firma 2 nachverrechnen kann.
- Firma 2 kauft daher das HALB 1 nach wie vor zum geplanten Standardpreis (S-Preis) von 8 EUR zu.
- Beim HALB 2 wird die Erhöhung schlagend, daraus ergibt sich hier eine Abweichung in Höhe von 1 EUR. Infolgedessen steigt die Ist-StüLi um 1 EUR.

- Da sich die um 1 EUR höheren Kosten der Kostenstelle 2 natürlich auch auf das FERT auswirken, ergibt sich ein Ist-Preis von 23 EUR für das FERT – eine Abweichung in Höhe von plus 2 EUR.
- Betrachtet man die Vertriebsfirma, sind keine Abweichungen vorhanden. Das FERT wird zu 23 EUR zugekauft, und der Deckungsbeitrag bleibt bei 7 EUR.

Ist-Preis – Darstellung Kostenkomponenten			
FIRMA	1	2	3
ROH	4,50	4,50	4,50
HALB / ZUKAUF	-	9,-	9,-
HALB / ZUKAUF I/C	-	-	-
EIGEN	3,50	9,50	9,50
S-PREIS	**8,-**	**23,-**	**23,-**

DB-Rechnung	
KONZERN	
Erlös	30,-
Wareneinsatz	13,50
DB 1	**16,50**
Eigenleist.	9,50
DB 2	**7,-**

Abbildung 2.9: Komponenten und Deckungsbeitragsrechnung in mehreren legalen Einheiten zum Ist-Preis – legale Sicht

Somit ergibt sich, wie in Abbildung 2.9 dargestellt, folgende Sicht auf die Ist-Komponenten und Deckungsbeitragsrechnungen der einzelnen Firmen:

- Firma 1 produziert im Ist das HALB 1 zu 8 EUR, verkauft es für 8 EUR und erzielt damit einen Ist-Deckungsbeitrag in Höhe von 0 EUR.
- Firma 2 produziert das FERT zu 23 EUR, verkauft es zu ebendiesem Betrag, womit der Ist-Deckungsbeitrag ebenfalls bei 0 EUR liegt.
- Firma 3 kauft das FERT für 23 EUR zu und erhält einen Erlös von 30 EUR. Der Ist-Deckung beträgt 7 EUR.

Diese Informationen sind aus legaler Sicht relevant und entsprechend zu verarbeiten, aus Konzernsicht hingegen hat diese Darstellung keine weiterführende Bedeutung.

Nur eine Weiterverrechnung der Abweichungen über die legalen Einheiten hinweg führen zu einer hilfreichen Auswertung. Daher gilt es in der Konzernverrechnung die Ist-Kosten über die Buchungskreise hinweg nachzuverrechnen, und zwar in der »buchungskreisübergreifenden Ist-Kosten-Nachverrechnung«.

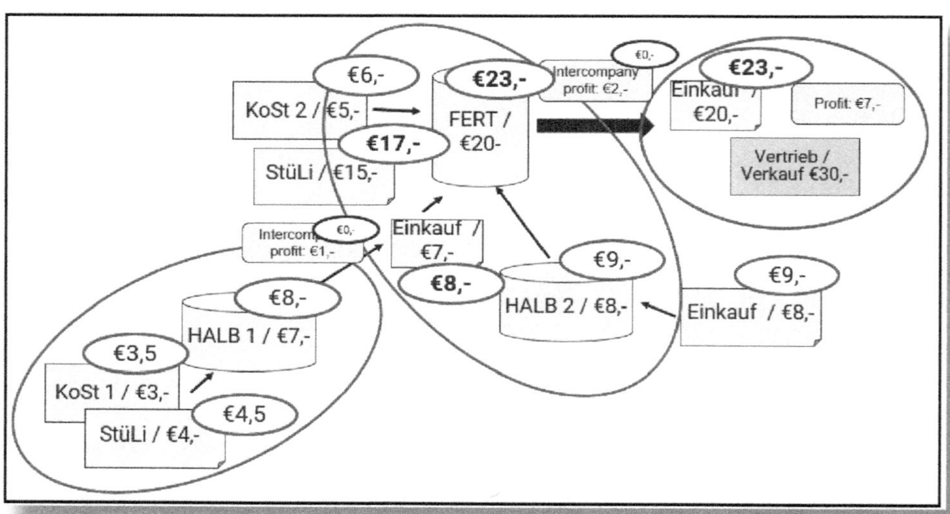

Abbildung 2.10: Ist-Preise über mehrere legale Einheiten – Konzernsicht

Wie in Abbildung 2.10 dargestellt, werden die Ist-Werte von der liefernden Gesellschaft an die empfangende eins zu eins durchgereicht.

- HALB 1 wird in Firma 1 für die relevante Periode mit einem Ist-Preis von 8 EUR bewertet.
- Dieser Wert wird, da keine Transportkosten und dergleichen Berücksichtigung finden, auch als Ist-Wert für das HALB 1 in Firma 2 übernommen. Sprich: Die Abweichung in Höhe von 1 EUR wird über die legalen Einheiten hinweg weiterverrechnet.

- Ebenso dient die Ist-Wert-Ermittlung des FERT in Firma 2 (23 EUR) als Wertansatz in der Vertriebsgesellschaft.
- Somit ist wie bei einer legalen Einheit das FERT mit einem Ist-Wert von 23 EUR ermittelt worden.

Wenn man in Abbildung 2.11 die Komponenten und die Konzern-Ist-Deckungsbeitragsrechnung betrachtet, ist zu erkennen, dass alle Ist-Werte je Komponente weitergereicht werden.

Ist-Preis – Darstellung Kostenkomponenten			
FIRMA	1	2	3
ROH	4,50	-	-
HALB / ZUKAUF	-	9,-	-
HALB / ZUKAUF I/C	-	8,-	23 ,-
EIGEN	3,50	6,-	-
S-PREIS	**8,-**	**23,-**	**23,-**

Ist-Deckungsbeitragsrechnung			
FIRMA	1	2	3
Erlös	8 ,-	23,-	30,-
Wareneinsatz	4,50	17,-	23,-
DB 1	**3,50**	**6,-**	**7,-**
Eigenleist.	3,50	6,-	-
DB 2	**0,-**	**0,-**	**7,-**

Abbildung 2.11: Komponenten und Deckungsbeitragsrechnung über mehrere legale Einheiten zum Ist-Preis – Konzernsicht

Die Ist-Komponenten in der Vertriebsgesellschaft entsprechen den Ist-Kosten je Komponente über den gesamten Konzern hinweg:

- ROH (Wareneinsatz) wurde mit 4,50 EUR bewertet,
- das zugkaufte HALB 2 mit 9 EUR,
- die Eigenleistungen (abgebildet auf den Kostenstellen 1 und 2) mit 3,50 EUR bzw. 6 EUR, also mit insgesamt 9,50 EUR.

Daraus ergibt sich in der Vertriebsgesellschaft, Konzernbewertung, eine Ist-Komponentendarstellung, die die Erstellung einer Konzern-Ist-Deckungsbeitragsrechnung ermöglicht.

Diese zweite Bewertungsalternative, die Konzernbewertung, bietet also die Möglichkeit, die Zahlen (basierend auf den gleichen Ist-Mengen und -werten) auch für andere Anforderungen zu verwenden.

3 Customizing in SAP

In diesem Kapitel beleuchte ich die für die Konzernbewertung relevanten Einstellungen in SAP.

> **Buchtipp**
>
> Die generellen Einstellungen für die Aktivierung des Actual Costing (ML-ACT) sind detailliert im Buch »Materialbewertung und das Material-Ledger in SAP S/4HANA« (Tom King, Espresso Tutorials 2021) dargestellt.

Voraussetzung für die Konzernbewertung ist eine einheitliche Unternehmensstruktur. Dies bedeutet, dass alle relevanten Buchungskreise

- die gleiche Geschäftsjahresvariante und
- den gleichen Kontenplan

aufweisen. Außerdem sind alle Buchungskreise einem identischen Kostenrechnungskreis (und somit Ergebnisbereich) zuzuordnen.

3.1 Einstellungen im FI und AA

Die erste Einstellung, die Sie in FI tätigen müssen, ist die Definition des Ledger mit der Konzernbewertung.

Sie können für die Konzernbewertung folgende *Währungstypen (Currency Types)* einsetzen (siehe hierzu auch den einleitenden Abschnitt in Kapitel 5):

- entweder 11 – basierend auf der Hauswährung (= 10) –
- oder 31 – basierend auf der Konzernwährung (= 30).

Für diese Entscheidung ist relevant, ob Sie die Konzernwerte für lokale Teilkonzernabschlüsse in der Landeswährung benötigen oder ob Sie die Konzernbewertung eher als globalen Controlling-Ansatz betrachten und alle Werte in ein und derselben Währung vorliegen haben wollen.

Beispiel für den Einsatz des Währungstyps 11

Ein deutscher Konzern, der Euro als Konzernwährung einsetzt, möchte den Teilkonzernabschluss für die Buchungskreise in den USA mit US-Dollar erstellen können.

Ziel der Konzernbewertung ist die Darstellung der Herstellkosten in einer Weise, als ob alle Schritte in einem Werk erfolgten. Das spricht einerseits für Verwendung des Währungstyps 31. Andererseits muss man bei dieser Darstellung berücksichtigen, dass immer alle Buchungen in anderen Währungen als der Konzernwährung mit dem aktuellen Tageskurs umgerechnet werden. Dies kann bei starken Kursschwankungen zu falschen Werten führen. Diese Herausforderung gilt es jedoch nicht nur bei der Konzernbewertung zu meistern, sondern auch für jegliche andere Umrechnung in die (legale Sicht der) Konzernwährung.

Bei Verwendung des Universal Journal (UJ) in S/4HANA ist es wichtig, dass das technische Kürzel für die Währungstypen 11 oder 31 nicht nur in den ersten Spalten, sondern auch in den drei letzten enthalten ist. In S/4HANA gehören 11 und 31 zu den »frei zu definierenden Währungen«. In den drei abschließenden Spalten können Sie aber nur eine dieser beiden verwenden.

! Einsatz der Währungstypen 11 und 31

Der Einsatz beider Währungstypen zugleich für die Konzernbewertung ist erst mit dem UPA ab S/4HANA OP Release 2022 möglich (siehe hierzu Kapitel 4.7).

In der Abbildung 3.1 ist die Konzernbewertung mit *31* (Konzernbewertung in Konzernwährung) in der Spalte 3RD FI CURRENCY gesetzt.

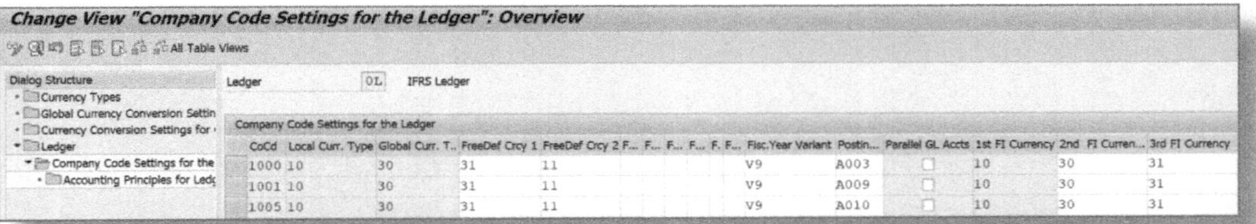

CoCd	Local Curr. Type	Global Curr. T..	FreeDef Crcy 1	FreeDef Crcy 2	F...	F...	F...	F...	F.	F...	Fisc.Year Variant	Postin...	Parallel GL Accts	1st FI Currency	2nd FI Curren...	3rd FI Currency
1000	10	30	31	11							V9	A003	☐	10	30	31
1001	10	30	31	11							V9	A009	☐	10	30	31
1005	10	30	31	11							V9	A010	☐	10	30	31

Abbildung 3.1: Konzernbewertung in den Ledger-Settings

Die Konzernbewertung sollten Sie bei allen Buchungskreisen identisch einstellen. In unserem Testbeispiel ist sie immer in der gleichen Spalte eingestellt.

☛ Hinweis zu den Währungseinstellungen

Im Idealfall sind die Währungseinstellungen für die Tabellen ACDOCA (siehe die ersten drei der zehn Währungsspalten in Abbildung 3.1), BSEG (siehe die letzten drei Spalten in der Abbildung 3.1) und im ML-Typ (siehe Abbildung 3.32) identisch.

Dies ist natürlich nur möglich, wenn dies für alle beteiligten Module, vor allem für die Anlagenbuchhaltung und das Material-Ledger, mit nur drei Währungen zu realisieren ist. Eine Einstellung mit unterschiedlichen Werten in diesen drei Tabellen ist erlaubt, sollte aber entsprechend getestet werden.

Beispiel: Wenn die 31 in der BSEG-Tabelle fehlt, kann man über die Transaktion *FBB1* für diese Währung keine Korrekturbuchungen durchführen. Man ist in diesem Fall auf die entsprechende Fiori-App angewiesen.

Wenn Sie in einem ECC-System die Konzernbewertung aktivieren, führen Sie diese Einstellung in der Transaktion *OB22* durch. Dies sieht dann wie in der Abbildung 3.2 aus.

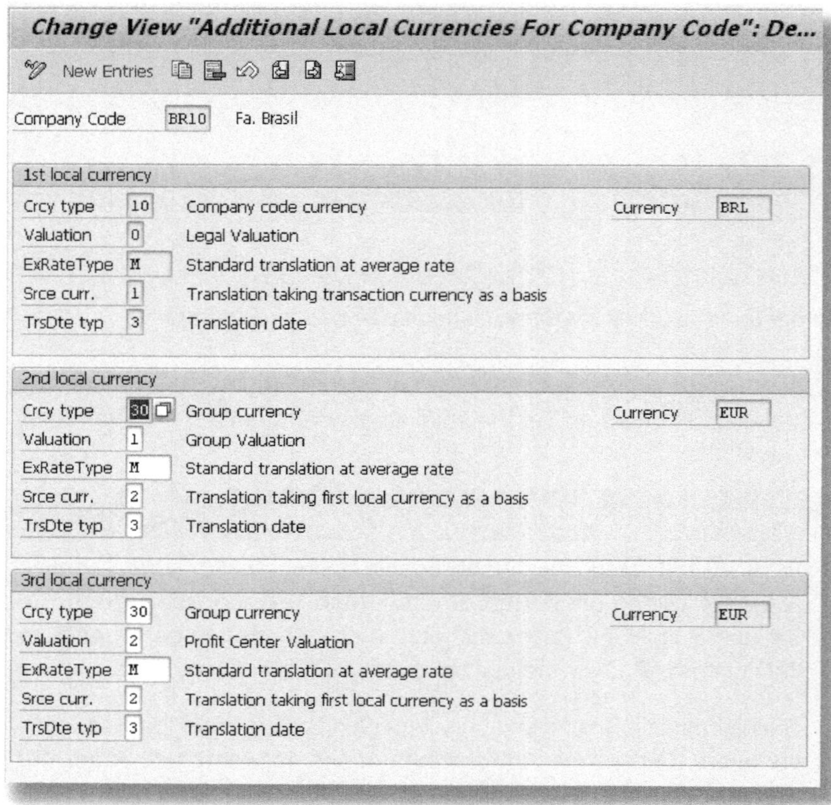

Abbildung 3.2: Konzernbewertung in der Transaktion OB22 in ECC

In diesem Beispiel ist die zweite Währung als Konzernbewertung eingestellt:

- Als CRCY TYPE ist *30* (Konzernwährung) definiert.
- Als VALUATION ist *1* (Konzernbewertung) eingestellt.

Die Summe dieser beiden Werte ergibt wiederum 31, also »Konzernbewertung in Konzernwährung«.

Auch in ECC gilt: Sie können nur einen Währungstyp (11 oder 31) verwenden. Außerdem muss die Business Function EA-FIN aktiv sein.

☛ Nachträgliche Aktivierung der Konzernbewertung

In einem ECC-System hat man die Möglichkeit, die Ledger-Einstellungen nachträglich mittels eines sogenannten SLO-Projekts (System Landscape Optimization) zu ändern.

In einem S/4HANA-System wird diese Option dagegen nicht angeboten. Dies bedeutet, dass Sie **vor** dem Produktivstart des S/4HANA die Konzernbewertung einschalten müssen, obwohl ggf. zu diesem Zeitpunkt noch nicht alle Buchungskreise auf dem System sind.

Somit müssen Sie bei einem Greenfield-Ansatz von Anfang an mit der Konzernbewertung arbeiten. Im Falle einer Brownfield-Vorgehensweise übernehmen Sie alle Einstellungen aus dem ECC.

Wenn in einem ECC die Konzernbewertung nicht aktiv ist, Sie diese aber (bei einer Migration) in S/4HANA verwenden wollen, sind die Einstellungen vor der Migration in ECC umzusetzen.

Für die Anlagenbuchhaltung ist es erforderlich, einen *Bewertungsbereich* für die Konzernbewertung zu definieren und die Nutzung der parallelen Bewertung festzulegen.

Die entsprechenden Customizing-Schritte führen Sie im Einführungsleitfaden unter ANLAGENBUCHHALTUNG • BEWERTUNG ALLGEMEIN • BEWERTUNGSBEREICHE • BEWERTUNGSBEREICHE DEFINIEREN gemäß Abbildung 3.3 durch.

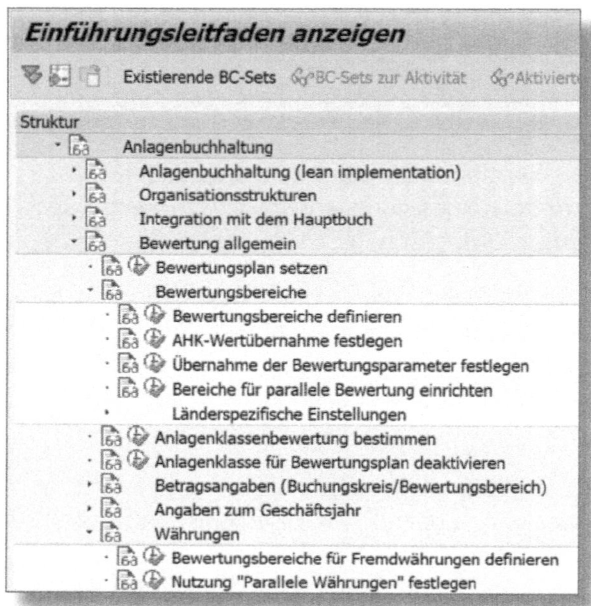

Abbildung 3.3: Einstellungen in der Anlagenbuchhaltung

Der erste Schritt ist die Definition der Bewertungsbereiche, wie beispielhaft in Abbildung 3.4 für den Bereich 12 sichtbar.

Display View "Define Depreciation Areas": Overview

Define Depreciation Areas

Ar.	Name of Depreciation Area	Real	Trgt Group	Acc.Princ.	G/L
10	IFRS / Local Curr	✓	0L	IFRS	1 Area Posts in Real Time
11	IFRS/Group Curr	✓	0L	IFRS	0 Area Does Not Post
12	IFRS/Group Curr Val	✓	0L	IFRS	0 Area Does Not Post

Abbildung 3.4: Bewertungsbereiche definieren

Der Bereichstyp muss für diesen Bereich auf *06* eingestellt sein (siehe Abbildung 3.5).

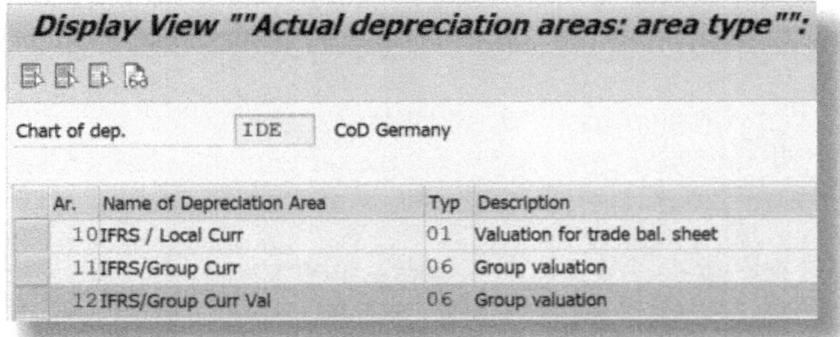

Display View ""Actual depreciation areas: area type"":

Chart of dep. IDE CoD Germany

Ar.	Name of Depreciation Area	Typ	Description
10	IFRS / Local Curr	01	Valuation for trade bal. sheet
11	IFRS/Group Curr	06	Group valuation
12	IFRS/Group Curr Val	06	Group valuation

Abbildung 3.5: Bereichstyp festlegen

Schließlich richten Sie die Nutzung der parallelen Währung (in unserem Fall: parallele Bewertung) unter ANLAGENBUCHHALTUNG • BEWERTUNG ALLGEMEIN • WÄHRUNGEN • NUTZUNG »PARALLELE WÄHRUNGEN« FESTLEGEN ein.

Display View "Set Up Parallel Currencies": Overview

Chart of dep. IDE

Set Up Parallel Currencies

Ar.	Dep. Area	Currency Type	ValAd	IdAPC	TTr	IdntTrm
10	IFRS / LC		0	☐	0	☐
11	IFRS / GC	30 Group Currency	10	☑	10	☑
12	IFRS / GCGVa	31 Group Currency, Group Va...	10	☑	10	☑

Abbildung 3.6: Nutzung parallele Währung

Wie in Abbildung 3.6 dargestellt, ist dabei sicherzustellen, dass in der Spalte »Währungstyp/Bewertung« (CURRENCY TYPE) die Konzernbewertung (*31* oder *11*) eingestellt ist.

3.2 Einstellungen im SD und BP

In den Stammdaten zum Businesspartner (BP) müssen Sie unbedingt die Trading Partner (das Feld VBUND) entsprechend pflegen. Diese

Einstellung ist auch für andere Konzernzwecke relevant und daher meist bereits vorhanden.

Beim Modul SD ist vor allem zu berücksichtigen, dass die Preisfindung korrekt eingestellt und die EDI-Funktion für die buchungskreisübergreifende Verrechnung aktiv ist.

Bei den SD-Konditionen (Transaktion *V/06*) verwenden Sie die SAP-Standardkondition KW00 (bitte keine Änderungen vornehmen!). Sie ist in Abbildung 3.7 und Abbildung 3.8 sichtbar. Dabei ist die Einstellung *b* (Achtung: Kleinbuchstabe!) im KONDITIONSTYP ein entscheidender Punkt. Diese Kondition zieht den aktuellen Konzernwert aus dem Materialstamm – vergleichbar zur Kondition VRPS, die den legalen Wert aus dem Materialstamm zieht.

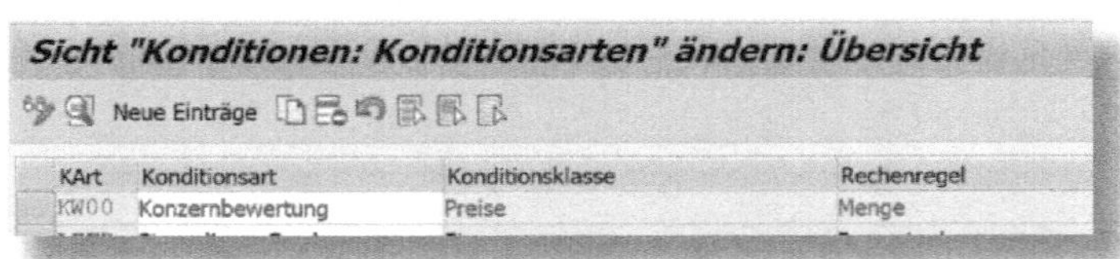

Abbildung 3.7: Kondition KW00 – Übersicht in V/06

Sicht "Konditionen: Konditionsarten" ändern: Detail
Neue Einträge
Konditionsart KW00 Konzernbewertung
Zugriffsfolge
Sätze zum Zugr
Steuerungsdaten 1
Kond.Klasse B Preise
Vorzeichen positiv un
Rechenregel C Menge
Konditionstyp b Transferpreis Konzernbewertung
Rundungsregel Kaufmännisch
Strukturkond.
Gruppenkondition
Gruppenkond.
GrpKonRoutine
RundDiffAusgl
Änderungsmöglichkeiten
Manuelle Eingaben D Nicht manuell bearbeitbar
Kopfkondition
Betrag/Prozent
Mengenrelation
Pos.kondition
Löschen
Wert
Rechenregel

Abbildung 3.8: Kondition KW00 – Detail in V/06

Die zweite wesentliche Einstellung für die Konzernverrechnung ist die AUTOMATISCHE KREDITORISCHE BUCHUNG MIT SAP-EDI. Diese richten Sie im Customizing unter VERTRIEB • FAKTURIERUNG • INTERNE VERRECHNUNG ein (siehe Abbildung 3.9).

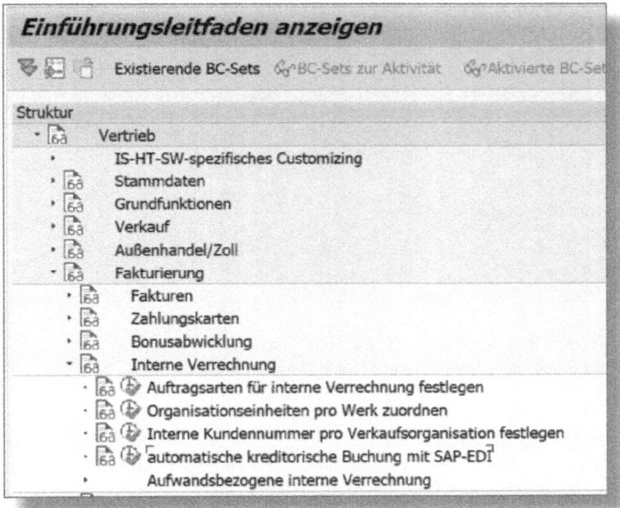

Abbildung 3.9: Automatische Fakturierung mit SAP-EDI

Hierdurch wird sicherstellt, dass die statistische Kondition KW00 auch an den Empfängerbuchungskreis übergeben wird.

SAP-Hinweise für weitere Informationen

Details zur automatischen Fakturierung sind in den Hinweisen 31126 und 659590 beschrieben. Alternativ kann auch ein BAdI – wie im Hinweis 1235076 erklärt – eingesetzt werden.

3.3 Einstellungen im CO und ML

Im folgenden Unterkapitel werden die erforderlichen Einstellungen im Controlling (CO) und Material-Ledger (ML) dargestellt.

3.3.1 Customizing im CO Allgemein

Wie bereits am Anfang dieses Kapitels erklärt, muss die Zuordnung aller Buchungskreise zum gleichen Kostenrechnungskreis sichergestellt sein.

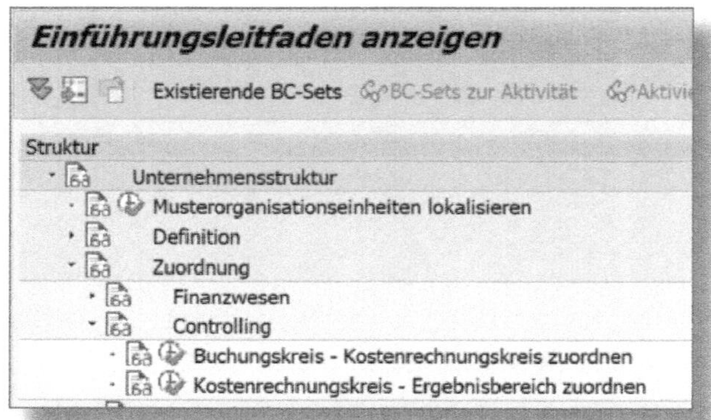

Abbildung 3.10: Zuordnungen von Buchungskreisen zu einem Kostenrechnungskreis

Dies erfolgt in der Transaktion *OX19* oder über den Customizing-Pfad UNTERNEHMENSSTRUKTUR • ZUORDNUNG • CONTROLLING • BUCHUNGSKREIS – KOSTENRECHNUNGSKREIS ZUORDNEN (siehe Abbildung 3.10).

Im Controlling selbst legen Sie zuerst das *Währungs- und Bewertungsprofil (W&B-Profil)* an. Die entsprechenden Einstellungen nehmen Sie im Einführungsleitfaden über CONTROLLING • CONTROLLING ALLGEMEIN • PARALLELE WERTANSÄTZE/TRANSFERPREISE FÜHREN • GRUNDEINSTELLUNGEN • WÄHRUNGS- UND BEWERTUNGSPROFIL PFLEGEN vor.

Das Profil legt fest, dass im Controlling nebst der Haus- und Konzernwährung (Währungstypen 10 und 30) eine weitere Währung/Bewertung geführt wird. Diese Einstellung ist für mehrere Funktionen (nebst Konzernbewertung auch für die PC-Bewertung und COGM) relevant.

Sodann bestimmen Sie, welche weiteren Bewertungen fortgeschrieben werden. Hier wird festgelegt, dass die Konzernwerte im Modul CO entsprechend der Vorgabe 11 oder 31 fortgeschrieben werden. Zudem definiert man, in welcher (Plan-)Version (es werden hierbei Ist-Daten fortgeschrieben!) dies erfolgen soll und mit welchem Konto die Wertansatzverrechnungen durchgeführt werden. Abschließend aktivieren Sie das Profil.

Die erforderlichen Einträge sind im Abschnitt PARALLELE WERTANSÄTZE zu pflegen (siehe Abbildung 3.11).

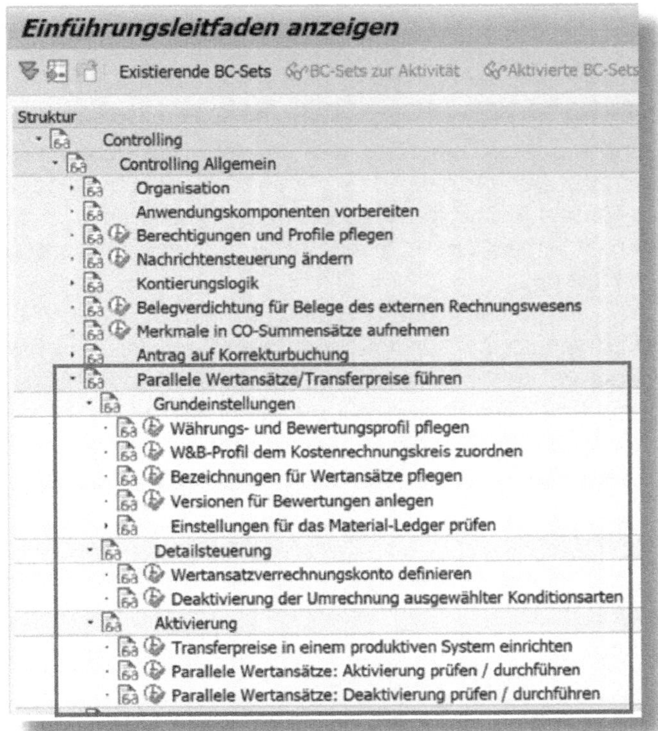

Abbildung 3.11: Customizing-Pfad Controlling Allgemein

In der Einstellung zum Währungs- und Bewertungsprofil (W&B-Profil) erfassen Sie die Konzernbewertung – in unserem Fall: Währungsschlüssel *30 – Konzernwährung* mit Bewertungssicht *1 – Konzernbewertung* (siehe Abbildung 3.12). Dies erreichen Sie über den Customizing-Pfad CONTROLLING • CONTROLLING ALLGEMEIN • PARALLELE WERTANSÄTZE/TRANSFERPREISE FÜHREN • GRUNDEINSTELLUNGEN • WÄHRUNGS- UND BEWERTUNGSPROFIL PFLEGEN.

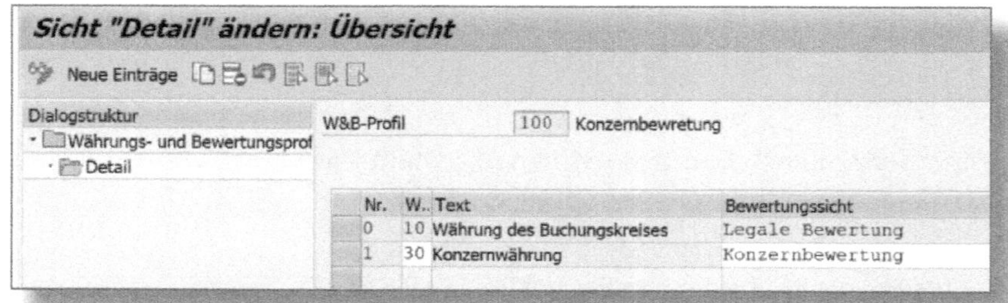

Abbildung 3.12: Einrichtung der Konzernbewertung im W&B-Profil

Im nächsten Schritt ordnen Sie über den Customizing-Pfad CONTROLLING • CONTROLLING ALLGEMEIN • PARALLELE WERTANSÄTZE/ TRANSFERPREISE FÜHREN • GRUNDEINSTELLUNGEN • W&B-PROFIL DEM KOSTENRECHNUNGSKREIS ZUORDNEN dieses W&B-Profil dem relevanten Kostenrechnungskreis zu.

In der ALLGEMEINEN VERSIONSDEFINITION – via dem Customizing-Pfad CONTROLLING • CONTROLLING ALLGEMEIN • PARALLELE WERTANSÄTZE/ TRANSFERPREISE FÜHREN • GRUNDEINSTELLUNGEN • VERSIONEN FÜR BEWERTUNGEN ANLEGEN erstellen Sie die Konzernversion für CO. In dieser Version werden die Werte für die Konzernbewertung im CO abgelegt.

Allgemeine Versionsdefinition

Dialogstruktur
- Allgemeine V
  - Einstellung
  - Einstellung

Allgemeine Versionsübersicht

Version	Bezeichnung	Plan	Ist	WIP/ErgErm	Abweichung	exklusive Verwendung
G	Konzernbewertung	☐	☑	☑	☑	0
		☐	☐	☐	☐	0

Abbildung 3.13: CO-Versionsdefinition –Version für die Konzernbewertung

In unserem Beispiel handelt es sich um die VERSION *G*, eine Ist-Version inklusive WIP- und Ergebnisermittlung sowie Abweichungen (siehe Abbildung 3.13).

Diese Version ist – so wie die Version 0 – entsprechend für die jährlichen Einstellungen im Kostenrechnungskreis zu pflegen.

Wenn Sie innerhalb der ALLGEMEINEN VERSIONSDEFINITION im Detailbild zu EINSTELLUNGEN IM KOSTENRECHNUNGSKREIS gehen, finden Sie den Button Bewertung (VALUATION). Wenn Sie diesen anklicken, werden die Bewertungseinstellungen automatisch geprüft (siehe Abbildung 3.14).

Abbildung 3.14: Prüfung der Bewertungseinstellungen

Wenn Sie eine parallele Bewertung aktivieren, können Sie in den SAP-Standardberichten (wie beispielsweise in der Transaktion *S_ALR_87013611 – Kostenstellen: Ist/Plan/Abweichung*) die Werte aus den gewünschten Versionen ziehen (siehe Abbildung 3.15).

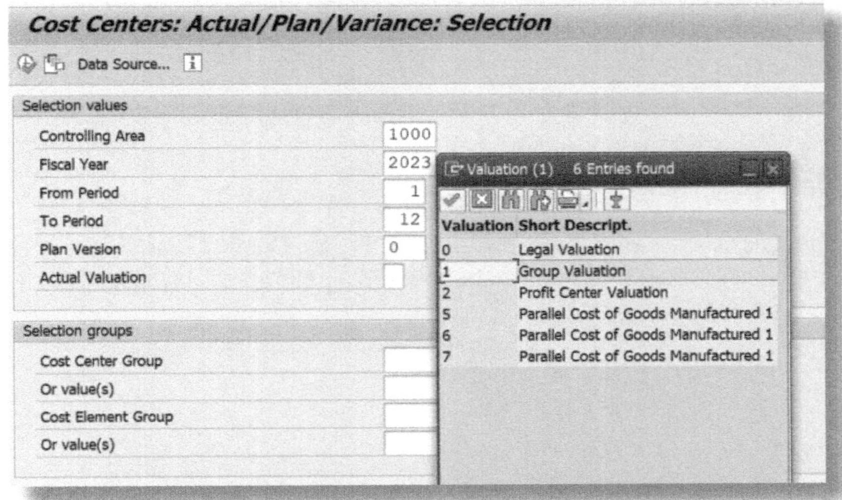

Abbildung 3.15: Bewertungen im Kostenstellenbericht

Wie im Selektionsbildschirm erkennbar ist, lässt sich der Bericht in unterschiedlichen Bewertungen aufrufen.

Die Profile und Versionen für die Bewertung sind nun angelegt. Jetzt definieren Sie die Konten, mit denen die Margen zwischen den einzelnen Buchungskreisen gebucht werden. Dies erreichen Sie über den Customizing-Pfad CONTROLLING • CONTROLLING ALLGEMEIN • PARALLELE WERTANSÄTZE/TRANSFERPREISE FÜHREN • DETAILSTEUERUNG • WERTANSATZVERRECHNUNGSKONTO DEFINIEREN.

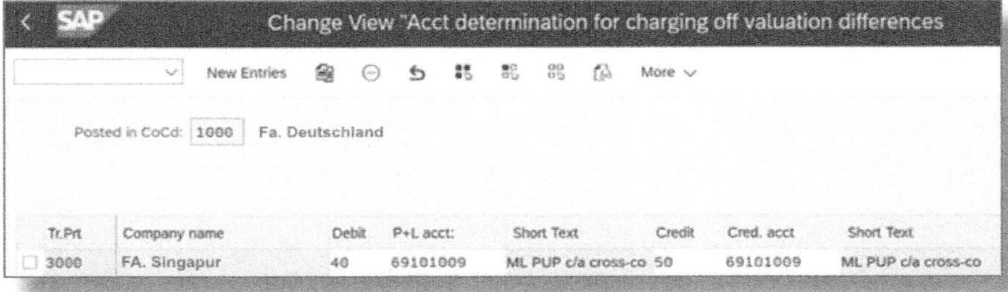

Abbildung 3.16: Bewertungen im Kostenstellenbericht

In Abbildung 3.16 sind die Konten zu sehen, auf die in Abschnitt 5.5 (Abbildung 5.40 und Abbildung 5.43) unter dem Vorgang TCV gebucht wird.

3.3.2 Customizing im CO-PC

Die nächsten Einstellungen nehmen Sie im Customizing-Pfad PRODUKTKOSTENPLANUNG vor. In Abbildung 3.17 sind die relevanten Schritte markiert.

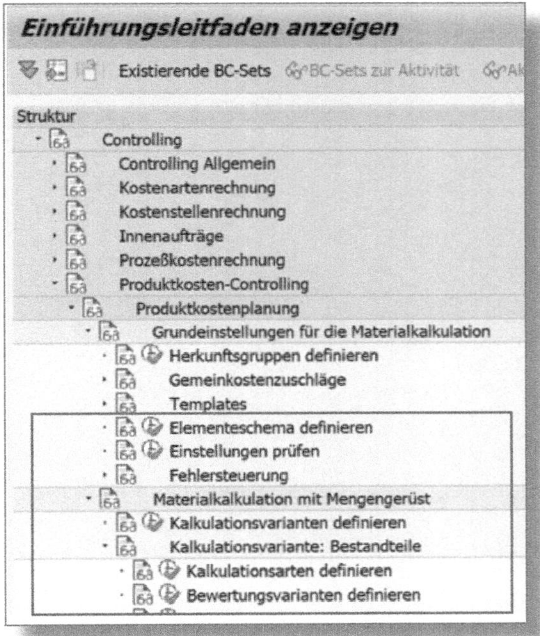

Abbildung 3.17: Customizing-Pfad Produktkostenplanung

Im Elementeschema fügen Sie eine Kostenkomponente hinzu, in der die I/C-Margen zwischen den Buchungskreisen festgehalten werden. Die erforderlichen Einstellungen hierzu finden Sie in Abbildung 3.18. Hierbei ist entscheidend, dass in der letzten Zeile unten, im Abschnitt DELTA PROFIT FOR GROUP COSTING, der Wert COMPANY CODE aktiv gesetzt ist. Dadurch sind alle anderen Einstellungen im Abschnitt FILTER CRITERIA FOR COST COMPONENT VIEW ON ITEMIZATION irrelevant. Der erforderliche Customizing-Pfad hierzu ist CONTROLLING • PRODUKTKOSTEN-CONTROLLING • PRODUKTKOSTENPLANUNG • GRUNDEINSTELLUNGEN FÜR DIE MATERIALKALKULATION • ELEMENTESCHEMA DEFINIEREN.

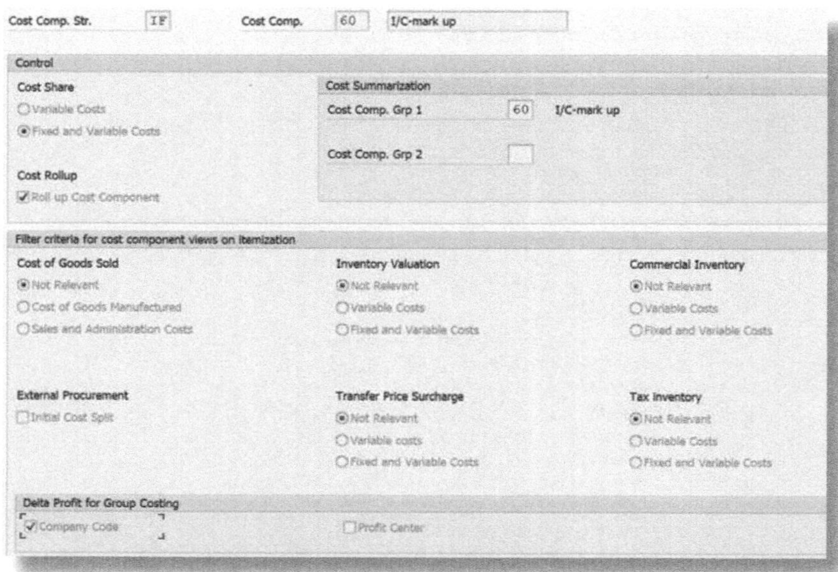

Abbildung 3.18: Kostenelement I/C-Marge

Wichtig ist, dass diese Kostenkomponente angelegt und keine Kostenarten/Konto hinterlegt wird. In dieser Kostenkomponente wird dann in der Transaktion *CK11N* bzw. *CK13N* die I/C-Marge dargestellt.

☛ Darstellung von Plan- und Ist-I/C-Marge

Die Planwerte sind in der Kostenkomponente der Bewertungssicht »Konzern/31« gespeichert und die Ist-Werte in der Kostenkomponente der Bewertungssicht »legal/10« und »30«. Somit taucht die Ist-Marge nicht in der Konzernbewertung auf (siehe Abbildung 3.19 und Abbildung 3.20).

Cost Components

Material Price Analysis | TP Markup

Field	Value
Material	2000
Plant	DE01 1000-C
Valuation Type	
Sales Order Stock/Project Stock	
Period/Year	2 2022
Curr./valuation	31 Group currency
Type of Price	V Periodic Unit Pri
Base Quantity	L Costing Lot Size
Additional Data	

CComp	Name of Cost Comp.	Total
1	Raw Material	1,22-
2	Raw SIFO	0,00
3	Semi-Finished Goods	902,34
20	Personnel	0,72-
21	Utilities and MIP	3,99
22	Depreciation	3,85-
23	Maintenance	15,11-
24	Others	5,07-
30	Freight	0,00
31	Int. Subcontracting	0,00
32	Ext. Subcontracting	0,00
33	ConsAsset(OSAT/SIFo)	0,00
34	Scrap (OSAT/SIFo)	0,00
35	Sp.Adder(OSAT/SIFo)	0,00
36	Indr.OH (OSAT/SIFo)	0,00
40	Site Overhead	7,73-
41	LN2 Adder	1,23-
50	ZUK Production	6,16
52	ZUK R&D	0,00
60	I/C-mark up	0,00
		• 877,56

Abbildung 3.19: Kostenelement I/C-Marge (I/C-Mark-up) in Konzernsicht im Werk DE01

Cost Components

Material Price Analysis | TP Markup

Field	Value
Material	2000
Plant	DE01 1000-I
Valuation Type	
Sales Order Stock/Project Stock	
Period/Year	2 2022
Curr./valuation	30 Group currenc
Type of Price	V Periodic Unit Pr
Base Quantity	L Costing Lot Size
Additional Data	

CComp	Name of Cost Comp.	Total
1	Raw Material	0,00
2	Raw SIFO	0,00
3	Semi-Finished Goods	804,02
20	Personnel	0,00
21	Utilities and MIP	0,00
22	Depreciation	0,00
23	Maintenance	0,00
24	Others	0,00
30	Freight	0,00
31	Int. Subcontracting	0,00
32	Ext. Subcontracting	0,00
33	ConsAsset(OSAT/SIFo)	0,00
34	Scrap (OSAT/SIFo)	0,00
35	Sp.Adder(OSAT/SIFo)	0,00
36	Indr.OH (OSAT/SIFo)	0,00
40	Site Overhead	0,00
41	LN2 Adder	0,00
50	ZUK Production	6,16
52	ZUK R&D	0,00
60	I/C-mark up	67,37-
		• 742,81

Abbildung 3.20: Kostenelement I/C-Marge (I/C-Mark-up) mit Ist-Wert in legaler Sicht in Werk DE01

Die I/C-Marge im Plan (im S-Preis der Konzernbewertung) können Sie mit der Transaktion *CK13N* darstellen (siehe Abschnitt 5.3, Abbildung 5.15).

Oft ist es jedoch nicht gewünscht, dass alle SAP-User, die die Berechtigung für die *CK11N* und *CK13N* haben, diesen Wert sehen. Daher kann man den Zugriff auf dieses Feld mittels eines eigenen Berechtigungsobjekts sicherstellen.

Über das Berechtigungsobjekt K_TP_VALU lässt sich die Sicht in den ML-Transaktionen einschränken, dargestellt in Abbildung 3.21 und Abbildung 3.22.

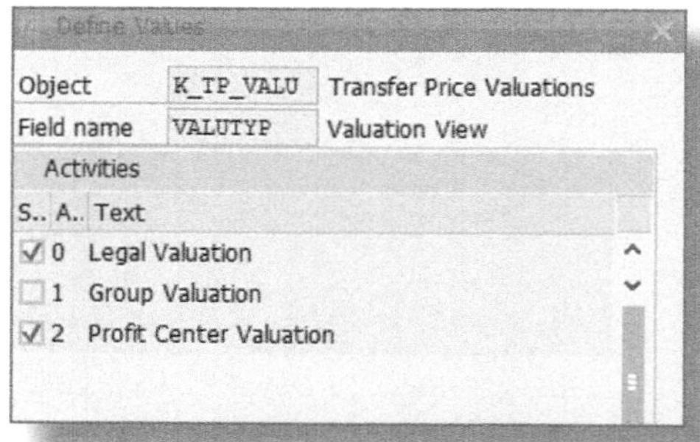

Abbildung 3.21: Berechtigungsobjekt K_TP_VALU mit Valuation View

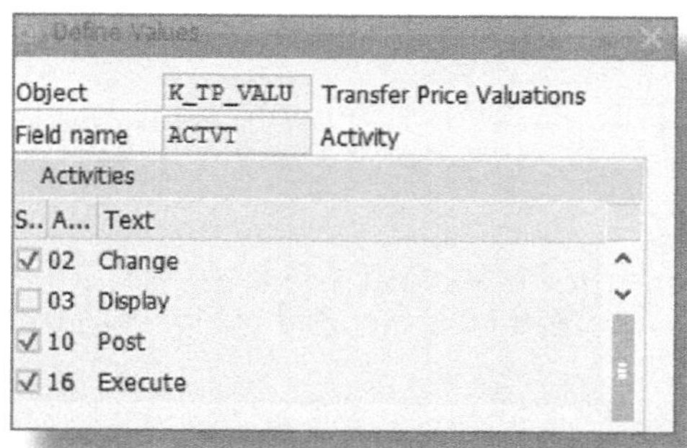

Abbildung 3.22: Berechtigungsobjekt K_TP_VALU mit Activity View

! Einschränkung beim Berechtigungsobjekt K_TP_VALU

Diese Berechtigung gilt nicht für die SD-Kondition KW00 in der Faktura – dazu muss man sich ein BAdI selbst ausprogrammieren.

Für die Kalkulation zur Konzernbewertung richten Sie eine eigene *Kalkulationsvariante* ein. Wie oben erwähnt, müssen Sie die S-Preis-Ermittlung nach Konzernbewertung zusätzlich zur legalen S-Preis-Ermittlung durchführen.

Der erste Schritt hierzu ist, dass Sie zunächst eine Partnerversion definieren.

Die Partnereinstellungen erreichen Sie im Einführungsleitfaden unter CONTROLLING • PRODUKTKOSTEN-CONTROLLING • PRODUKTKOSTENPLANUNG • AUSGEWÄHLTE FUNKTIONEN IN DER MATERIALKALKULATION • PARTNERVERSIONEN DEFINIEREN. Wie Sie in Abbildung 3.23 erkennen, können Sie aus den folgenden organisatorischen Einheiten wählen:

- Buchungskreis (COMPANY CODE)
- Werk (PLANT)
- Geschäftsbereich (BUSINESS AREA)
- PROFIT CENTER

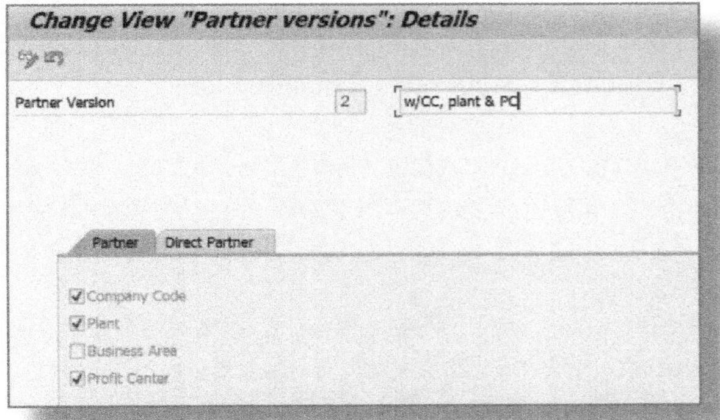

Abbildung 3.23: Einstellungen zum Reiter »Partner«

Es sind jene Einheiten auszuwählen, zu denen man die Berichte »mit Partnerinformation« sehen will. Bitte beachten Sie, dass diese Einstellungen möglicherweise negative Auswirkungen auf die Performance haben und die Datenmengen erhöhen.

Im zweiten Folder können Sie die Einstellungen für den DIRECT PARTNER vornehmen (siehe Abbildung 3.24).

Ein Beispiel für PARTNER versus DIRECT PARTNER sowie zum Thema Partnerschichtung finden Sie in Abschnitt 5.7.

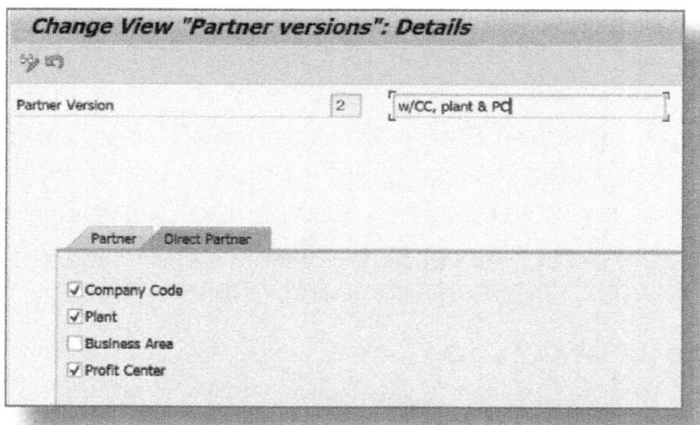

Abbildung 3.24: Einstellungen zum direkten Partner

Zur Erstellung der Konzernbewertungs-Kalkulationsvariante benutzen Sie im Einführungsleitfaden den Pfad CONTROLLING • PRODUKTKOSTEN-CONTROLLING • PRODUKTKOSTENPLANUNG • MATERIALKALKULATION MIT MENGENGERÜST • KALKULATIONSVARIANTEN DEFINIEREN.

Unter KALKULATIONSVARIANTE: BESTANDTEILE legen Sie eine eigene Kalkulationsart (COSTING TYPE) an. In unserem Beispiel ist das die Kalkulationsart *GC* (siehe Abbildung 3.25).

Diese Kalkulationsart ist mit der Bewertungssicht (VALUATION VIEW) 1 – Konzernbewertung *(Group Valuation)* angelegt. Natürlich ist die Preisfortschreibung (PRICE UPDATE) auf *1 – Standard Price* gesetzt, ebenso wie bei der legalen Kalkulation.

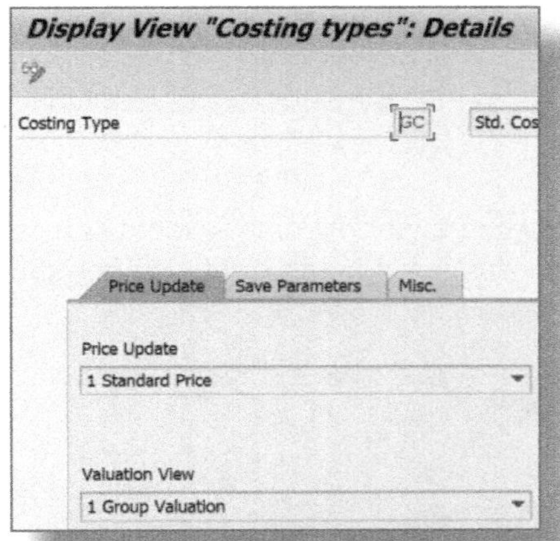

Abbildung 3.25: Kalkulationsart GC

In der Kalkulationsart ordnen sie auch die Partnerversion zu. In unserem Fall fügen Sie im Folder MISC (siehe Abbildung 3.26) die zuvor angelegte Partnerversion *2 IFX w/CC, plant & PC* (siehe Abbildung 3.23) ein.

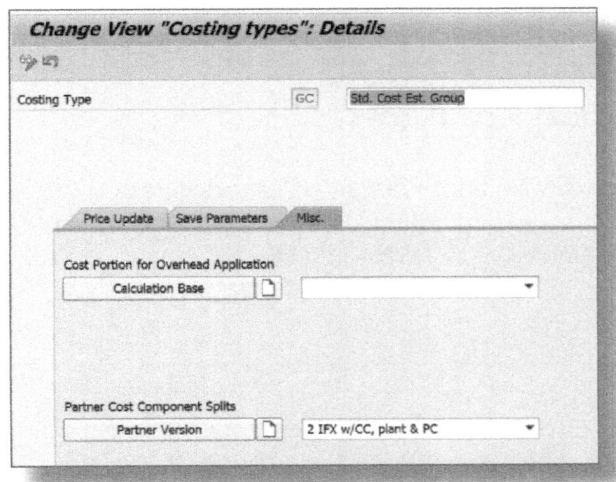

Abbildung 3.26: Partnerversion in Kalkulationsart

Dann legen Sie unter dem Menüpunkt BEWERTUNGSVARIANTEN DEFINIEREN eine eigene Bewertungsvariante (VALUATION VARIANT) an. Diese wurde in unserem Beispiel ebenfalls mit *GC* benannt (siehe Abbildung 3.27).

Die Detaileinstellungen in der Bewertungsvariante sollten identisch zu denen der legalen Bewertung sein, damit für beide Kalkulationen die gleiche Basis gezogen wird.

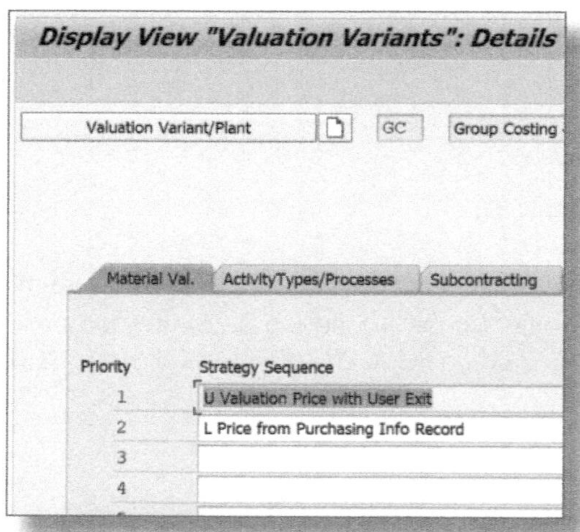

Abbildung 3.27: Bewertungsvariante GC

Schließlich legen Sie die Kalkulationsvariante (COSTING VARIANT) *GROP* für die Konzernbewertung an und ordnen dieser die Kalkulationsart *GC* und die Bewertungsvariante *GC* zu (siehe Abbildung 3.28).

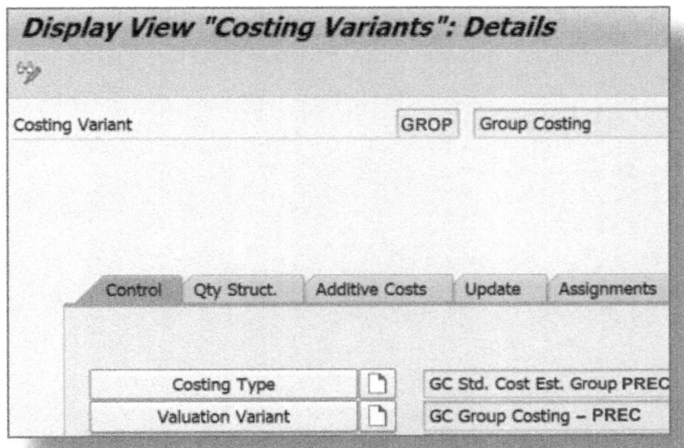

Abbildung 3.28: Kalkulationsvariante GROP

Für die sogenannte Ware in Arbeit (WIP) richten Sie ebenfalls eine Einstellung für die Konzernbewertung ein – je nach Verwendung von Produktkostensammlern, Fertigungsaufträgen oder Kundeneinzelfertigern. Über den Pfad CONTROLLING • PRODUKTKOSTEN-CONTROLLING • KOSTENTRÄGERRECHNUNG • AUFTRAGSBEZOGENES PRODUKT-CONTROLLING • PERIODENABSCHLUSS • WARE IN ARBEIT • ABGRENZUNGSVERSIONEN DEFINIEREN im Einführungsleitfaden legen Sie eine neue Abgrenzungsversion (Results Analysis Version, RA VERSION) an, in unserem Fall benannt mit *G* für *Group Valuation* (siehe Abbildung 3.29).

Change View "Results Analysis Versions":

New Entries

COAr	RA Version	Text
GLCA	0	Plan/Act - Version
GLCA	G	Group Valuation

Abbildung 3.29: WIP-Versionen

Die Details (durch Doppelklick auf die Zeile mit der RA VERSION *G* zu erreichen) der üblichen Einstellungen sind in der Abbildung 3.30 zu finden.

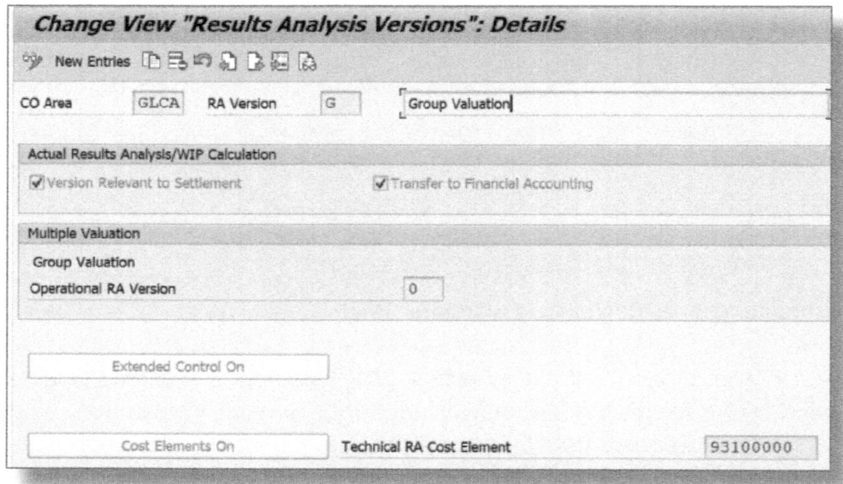

Abbildung 3.30: Details zur WIP-Version

! Grenzen der Konzernbewertung für »Ware in Arbeit«

Da es für die Konzernbewertung 31 keine Vorkalkulation gibt und somit die Basis einer Soll-Version fehlt, ist gegenüber den Ergebnissen der Ermittlung von »Ware in Arbeit« Skepsis angebracht.

3.3.3 Cutomizing im ML

Für die Konzernbewertung müssen Sie, ergänzend zu den Einstellungen für die legale Bewertung, zwei Customizing-Schritte durchführen.

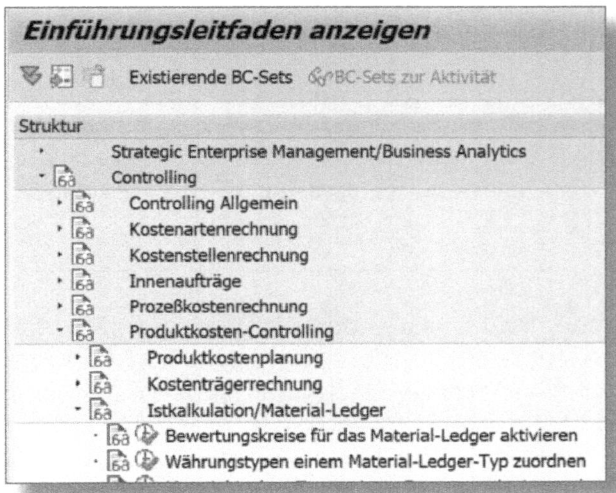

Abbildung 3.31: Einführungsleitfaden Material-Ledger

Im Einführungsleitfaden des ML sind hierzu die ersten beiden Transaktionen im Kapitel ISTKALKULATION/MATERIAL-LEDGER relevant (siehe Abbildung 3.31). Über den Pfad CONTROLLING • PRODUKTKOSTEN-CONTROLLING • ISTKALKULATION/MATERIAL-LEDGER • BEWERTUNGSKREISE FÜR DAS MATERIAL-LEDGER AKTIVIEREN definieren Sie den Material-Ledger-Typ (MAT. LEDGER TYPE). In unserem Beispiel heißt er *TEST* und muss die Währungsschlüssel *10, 30* und *31* enthalten (siehe Abbildung 3.32).

Change View "Define individual characteristics": Overview

New Entries

Dialog Structure
- Define material ledger type
  - Define individual characteristics

Mat. Ledger Type: TEST

Crcy type	Short Descript.
10	Company code currency
30	Group currency
31	Group currency, group valuation

Abbildung 3.32: Material-Ledger-Typ

☛ Währungsschlüssel im Material-Ledger-Typ

Generell sollte die Einstellung im Material-Ledger-Typ identisch zu den letzten drei Spalten im Ledger-Setting sein (siehe Abschnitt 3.1, Abbildung 3.1). Falls Sie unterschiedliche Werte verwenden, sollten Sie vor einem Echtlauf unbedingt entsprechende Tests durchführen.

Schließlich ordnen Sie den Material-Ledger-Typ noch via dem Pfad Controlling • Produktkosten-Controlling • Istkalkulation/Material-Ledger • Währungstypen einem Material-Ledger-Typ zuordnen den jeweiligen Bewertungsbereichen (Valuation Area) zu. In Abbildung 3.33 ist das unser Werk *DE01* mit dem Company Code *1000*.

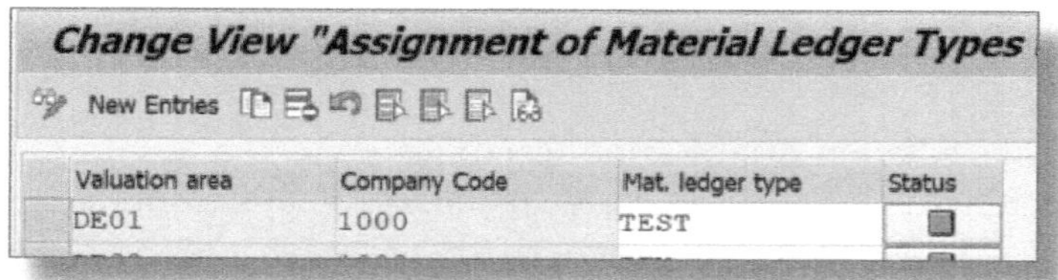

Abbildung 3.33: Zuordnung des Material-Ledger-Typs

Wenn das Customizing erfolgt ist, überprüfen Sie mit der Transaktion *CKM9* die Einstellungen. Die für die Konzernbewertung relevanten Punkte zeigen Abbildung 3.34, Abbildung 3.35 und Abbildung 3.36.

In der letzten Zeile von Abbildung 3.34 ist die Zuordnung des Währungs- und Bewertungsprofils (Currency and Valuation Profile) 100 zum Kostenrechnungskreis (Assigned Controlling Area) 1000 Global erkennbar.

Display of ML-Relevant Customizing Settings

```
08.05.2023 POPPENBE          Organizational Structures for Valuation Area SP01          1

Valuation Area (Plant)                  SP01-Singapur                                  ✓

Client:                                 100

Material Ledger Active:                 ☑
Material Ledger Mandatory:              ☑
Real MAV Price Logic Active:            ☑
Material Ledger Type:                   TST
Settlement Control (Not Binding):       3
Dynamic Price Release:                  Dynamic price release is not active
Negative Stocks:                        ☑
Sales Price Valuation Active:           ☐
Late Lock for Goods Movements Active:   ☑

Material Update Structure
0001                                    Standard

ML Productive Since                     30.07.2019
Productive ID Set By                    MIG_TOMARNAR
By Program                              SAPRCKMJ
in Release                              752                                            ✓

Assigned Company Code:                  3000 Singapur                                  ✓
                                        SG  Singapore
Chart of Accounts                       GLOB                                           ✓
Fiscal Year Variant                     V9                                             ✓
Current Period:                         08/2023
Purchasing Account Processing Active:   ☐

Assigned Internal Trading Partner       3000 Singapur                                  ✓

Assigned Controlling Area:              1000 Global                                    ✓
Currency and Valuation Profile:         100  (Active)
```

Abbildung 3.34: Relevante Customizing-Einstellungen – Teil 1

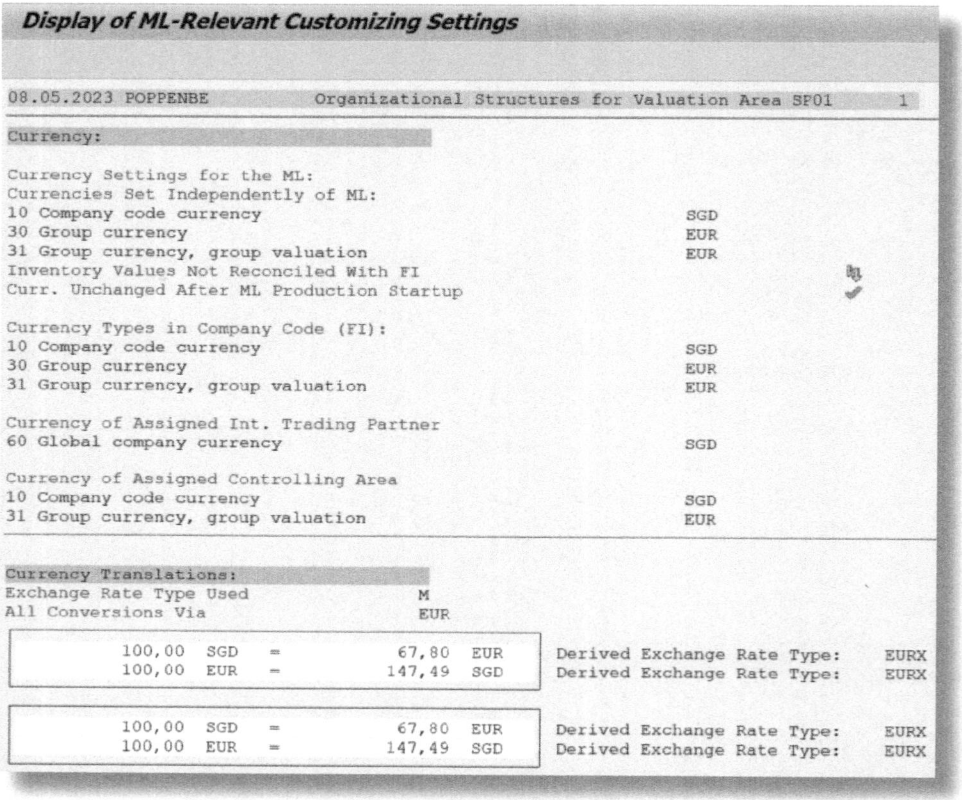

Display of ML-Relevant Customizing Settings

```
08.05.2023 POPPENBE          Organizational Structures for Valuation Area SP01     1

Currency:

Currency Settings for the ML:
Currencies Set Independently of ML:
10 Company code currency                                     SGD
30 Group currency                                            EUR
31 Group currency, group valuation                           EUR
Inventory Values Not Reconciled With FI
Curr. Unchanged After ML Production Startup

Currency Types in Company Code (FI):
10 Company code currency                                     SGD
30 Group currency                                            EUR
31 Group currency, group valuation                           EUR

Currency of Assigned Int. Trading Partner
60 Global company currency                                   SGD

Currency of Assigned Controlling Area
10 Company code currency                                     SGD
31 Group currency, group valuation                           EUR

Currency Translations:
Exchange Rate Type Used                   M
All Conversions Via                       EUR

   100,00  SGD  =      67,80  EUR    Derived Exchange Rate Type:    EURX
   100,00  EUR  =     147,49  SGD    Derived Exchange Rate Type:    EURX

   100,00  SGD  =      67,80  EUR    Derived Exchange Rate Type:    EURX
   100,00  EUR  =     147,49  SGD    Derived Exchange Rate Type:    EURX
```

Abbildung 3.35: Relevante Customizing-Einstellungen – Teil 2

In Abbildung 3.35 sehen Sie den Währungsschlüssel 31 – GROUP CURRENCY, GROUP VALUATION, der dem Material-Ledger, dem Buchungskreis und dem Kostenrechnungskreis zugeordnet ist.

Abbildung 3.36 zeigt Ihnen, dass die Kostenschichtung aktiv ist (ACTUAL COST COMPONENT SPLIT ACTIVE) und das Elementeschema IF (COST COMPONENT STRUCTURE FOR) gezogen wird.

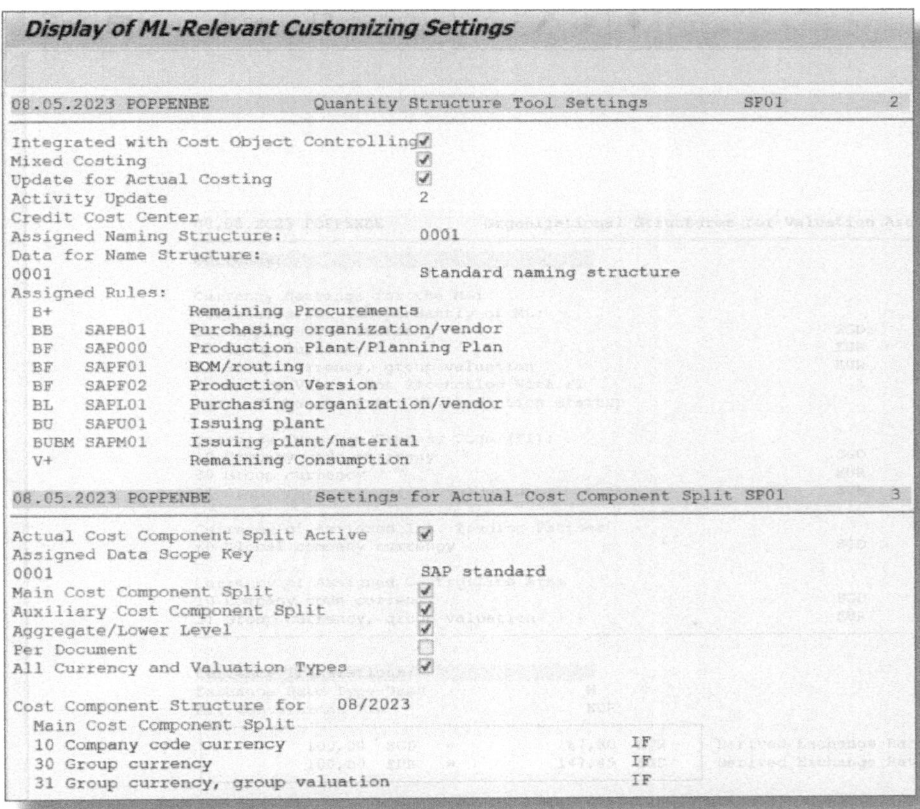
Display of ML-Relevant Customizing Settings

08.05.2023 POPPENBE Quantity Structure Tool Settings SP01 2

Integrated with Cost Object Controlling ☑
Mixed Costing ☑
Update for Actual Costing ☑
Activity Update 2
Credit Cost Center
Assigned Naming Structure: 0001
Data for Name Structure:
0001 Standard naming structure
Assigned Rules:
B+ Remaining Procurements
BB SAPB01 Purchasing organization/vendor
BF SAP000 Production Plant/Planning Plan
BF SAPF01 BOM/routing
BF SAPF02 Production Version
BL SAPL01 Purchasing organization/vendor
BU SAPU01 Issuing plant
BUBM SAPM01 Issuing plant/material
V+ Remaining Consumption

08.05.2023 POPPENBE Settings for Actual Cost Component Split SP01 3

Actual Cost Component Split Active ☑
Assigned Data Scope Key
0001 SAP standard
Main Cost Component Split ☑
Auxiliary Cost Component Split ☑
Aggregate/Lower Level ☑
Per Document ☐
All Currency and Valuation Types ☑

Cost Component Structure for 08/2023
Main Cost Component Split
10 Company code currency IF
30 Group currency IF
31 Group currency, group valuation IF

Abbildung 3.36: Relevante Customizing Einstellungen – Teil 3

Elementeschema

Wichtig für die konzernweite Ist-Kosten-Schichtung ist, dass in der Transaktion *OKTZ* das gleiche Elementeschema für alle relevanten Buchungskreise verwendet wird.

4 Stock-in-Transit

Die buchungskreisübergreifende Ist-Kosten-Nachverrechnung ist nur möglich, wenn mit den entsprechenden Materialbewegungsarten der *Business Function LOG_MM_SIT* (Stock-in-Transit, SiT, dt. Transitbestand) gearbeitet wird. Nur so kann das ML-ACT die Verbindung zwischen Sender- und Empfängerwerk für die Ist-Kosten-Nachverrechnung (IKN) nachvollziehen. Daher wird in diesem Kapitel die SiT-Funktion erklärt. Es gilt festzuhalten, dass man die Konzernbewertung auch ohne buchungskreisübergreifende IKN (also ohne SiT) verwenden kann. Darüber hinaus ist die SiT-Funktion an sich (aus logistischen Gründen) relevant, so auch für die Finanzbuchhaltung, da der Transitbestand korrekt bewertet wird.

Mit dem SAP Enhancement Package 5 für SAP ERP 6.0 (SAP_APPL 605) wurde SiT eingeführt, das Lieferprozesse als Transitprozesse darstellt. Die Funktion unterstützt werksübergreifende Prozesse innerhalb eines Buchungskreises ebenso wie buchungskreisübergreifende. Außerdem kann man auch auf der Einkaufsseite (wenn nicht frei Haus geliefert wird) und/oder auf der Verkaufsseite zum Kunden (wenn nicht ab Werk verkauft wird) die Funktion entsprechend nutzen.

Wenn man überdies, wie in diesem Buch dargestellt, die Komponente ML-ACT mit der Konzernbewertung einsetzt, dann werden die Transitbestände automatisch im Monatslauf des ML inkludiert. Außerdem werden alle Wareneingänge aus den Transitbeständen für die Konzernbewertung mit den Ist-Kosten nachbelastet.

Der Nutzen des Einsatzes von SiT wird aber nicht nur bei der Ist-Kosten-Nachverrechnung für die Konzernbewertung sichtbar, die Business Function hat noch weitere Vorteile:

- Der SiT-Bestand ist bewertet und somit automatisch in den Büchern des Eigentümers enthalten.

- Die SiT-Bewertung kann mit anderen Konten durchgeführt werden als nur mit den Bestandskonten des verfügbaren Bestands.
- Retouren werden mit dem Originalwert (vom Ausgang) zurückgebucht.
- Der Waren- und Gefahrenübergang lässt sich mittels Proof-of-Delivery(POD)-Buchungen darstellen.
- SiT-Bewegungen werden aufgrund von Document Type und Werkskombinationen gezogen.
- Reporting: SiT-Bestände werden in den Bestandsberichten als solche dargestellt.

Die Funktionen des SiT sind nicht nur für die Konzernbewertung relevant, sondern auch für die Logistik und die Finanzbuchhaltung:

- Die Logistik weiß immer, wo sich ein Material befindet, und muss bei konzerninternen Lieferungen die Ware nicht mit der Bewegungsart 601 aus dem System herausbuchen, um sie dann eventuell Tage oder Wochen später wieder »vom Himmel fallen zu lassen« und mit der Bewegungsart 101 beim Empfänger einzubuchen.
- Aus buchhalterischer Sicht geht es um ebendiese Idee: Die Ware ist immer im System vorhanden, sie ist bewertet und stets einem Werk – und somit Buchungskreis – zugeordnet. Ergo ist der bewertete Bestand immer korrekt, vor allem zum Monats- und Jahresende. Es muss also beim Einsatz von SiT keine zusätzliche Lösung für die Bewertung von »Ware on the road« definiert werden.

4.1 Einsatz von Stock-in-Transit

Im folgenden Abschnitt soll die SiT-Funktion im Detail dargestellt werden.

Lassen Sie uns hierzu zunächst betrachten, wie der grundlegende Bestandsübertragungsprozess ohne Lager unterwegs funktioniert:

1. Das Unternehmen, das Material einkauft, erstellt eine Bestandsübertragungsbestellung (Transaktion *ME21N*), um Waren vom sendenden Unternehmen anzufordern.
2. Das sendende Unternehmen erstellt eine ausgehende Lieferung (Transaktion *VL01N*), um die Lieferung von Waren an das Empfängerunternehmen zu dokumentieren.
3. Das sendende Unternehmen führt eine Warenausgabe (Transaktion *VL02N*) mit Bezug auf die Lieferung durch.
4. Das sendende Unternehmen erstellt ein Rechnungsdokument (Transaktion *VF01*) mit Bezug auf die Lieferung.
5. Das Empfängerunternehmen erfasst den Wareneingang (Transaktion *MIGO*).
6. Das Empfängerunternehmen erfasst den Rechnungseingang (Transaktion *MIRO*).

In Versionen vor dem Enhancement Package 5 war die einzige Option, um die Schritte 3 *(VL02N)* und 5 *(MIGO)* zu bearbeiten, eine Einschrittübertragung einzurichten, bei der die ausgehende Lieferung für die Bestandsübertragung sowohl eine Warenausgabe aus dem sendenden Werk als auch einen Wareneingang im empfangenden Werk auslöste. Dies war jedoch nur nützlich, wenn der Zeitaufwand für den physischen Transport der Waren vernachlässigbar war.

SiT wird also relevant, wenn zwischen

- Schritt 3, in dem das sendende Unternehmen die Waren aus seinem Bestand ausgibt, und
- Schritt 5, in dem das empfangende Unternehmen die Waren in seinen Bestand aufnimmt,

ein erheblicher Zeitverzug besteht. Es handelt sich um einen speziellen Lagerbestandstyp, der die Zeit abdeckt, in der sich die Waren auf dem Transport befinden.

Die Business Function LOG_MM_SIT bietet nun die Möglichkeit, die Warenbewegung entsprechend den Incoterms abzubilden und gleichzeitig die Bewertung des Bestands für die genannte Zeitspanne korrekt durchzuführen. Zudem nützt das ML genau diese Funktion, um die Ist-Kosten-Nachverrechnung für die Konzernbewertung buchungskreisübergreifend durchzuführen.

Das Enhancement Package 5 bietet den Benutzern drei neue Optionen, um den Zeitverzug zwischen den Schritten 3 und 5 zu handhaben. Alle können mithilfe der Business Function LOG_MM_SIT aktiviert werden:

- **Lieferung frei Haus (Sender-SiT):** Die Waren bleiben im Besitz des sendenden Unternehmens, bis sie in den Bestand des Empfängerunternehmens aufgenommen werden. Der SiT bleibt unterwegs dem sendenden Unternehmen zugewiesen und in dessen Büchern in dem jeweiligen Land ausgewiesen, z. B. in Berichten wie Transaktion *MB52 – Lagerbestände anzeigen*. Die Transaktion *VLPOD – Nachweis der Lieferung* wird schließlich verwendet, um den Nachweis der Lieferung selbst zu erfassen, und zwar einschließlich Datum und Uhrzeit, der tatsächlich angekommenen Menge und des Grundes für eventuelle Mengenabweichungen.
- **Lieferung mit Eigentums- und Gefahrenübergang zwischen Versender und Empfänger (Proof-of-Delivery, POD):** Das Eigentum an den Waren wird unterwegs übertragen. Dies kann beispielsweise dann der Fall sein, wenn die Waren im Hafen, aber noch nicht im Werk des Empfängerunternehmens angekommen sind (Alongside Ship). Das Material bleibt bis zum POD im Eigentum des Versenders, geht dann in das Eigentum des Empfängers über und wird in dessen Büchern ausgewiesen. Wiederum wird die Transaktion *VLPOD* verwendet, um die Waren aus dem SiT-Bestand des Senders unterwegs in den SiT-Bestand des Empfängers zu übertragen und etwaige Unterschiede zu erfassen. Mittels der Transaktion *MIGO* werden

die Waren aus dem SiT in den Bestand des Empfängers aufgenommen.

- **Lieferung ab Werk (Empfänger-SiT):** Die Waren gehen sofort in den Besitz des Empfängerunternehmens über, wenn sie das Lager des Senders verlassen. Sie werden für die Dauer der Reise im SiT des Empfängers gebucht und somit in den Büchern des Empfängerunternehmens angezeigt. Mittels der Transaktion *MIGO* werden die Waren aus dem SiT in den Bestand des Empfängers aufgenommen.

Abbildung 4.1 gibt einen Überblick über die drei beschriebenen Prozesse.

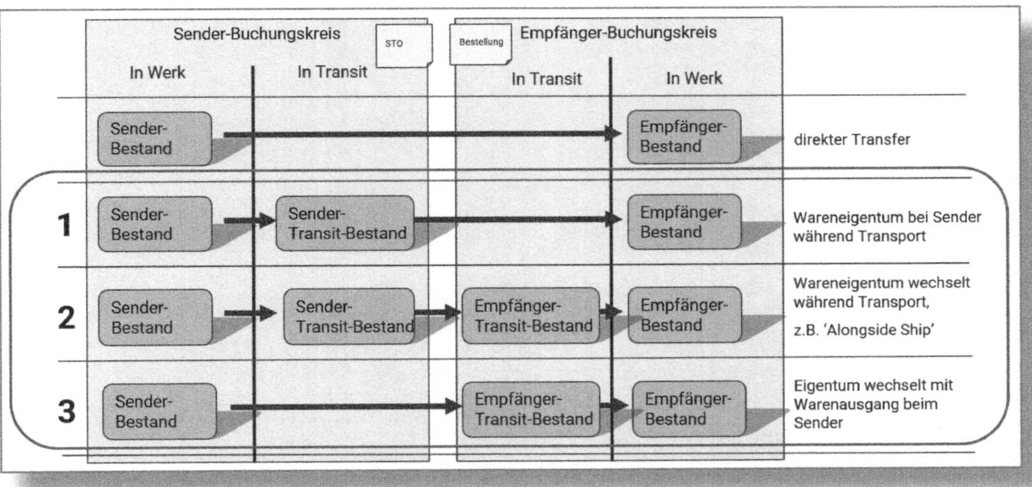

Abbildung 4.1: Überblick SiT-Prozesse

Beim Einsatz von SiT sind neue Bewegungsarten zu verwenden. Diese werden mit der Aktivierung der Business Function LOG_MM_SIT automatisch erzeugt. In Abbildung 4.2 sind diese Bewegungsarten je Prozess dargestellt, Tabelle 4.1 gibt einen Überblick über die SiT-Prozesse sowie über die Warenbewegungen und Bewegungsarten, die hierbei eingesetzt werden.

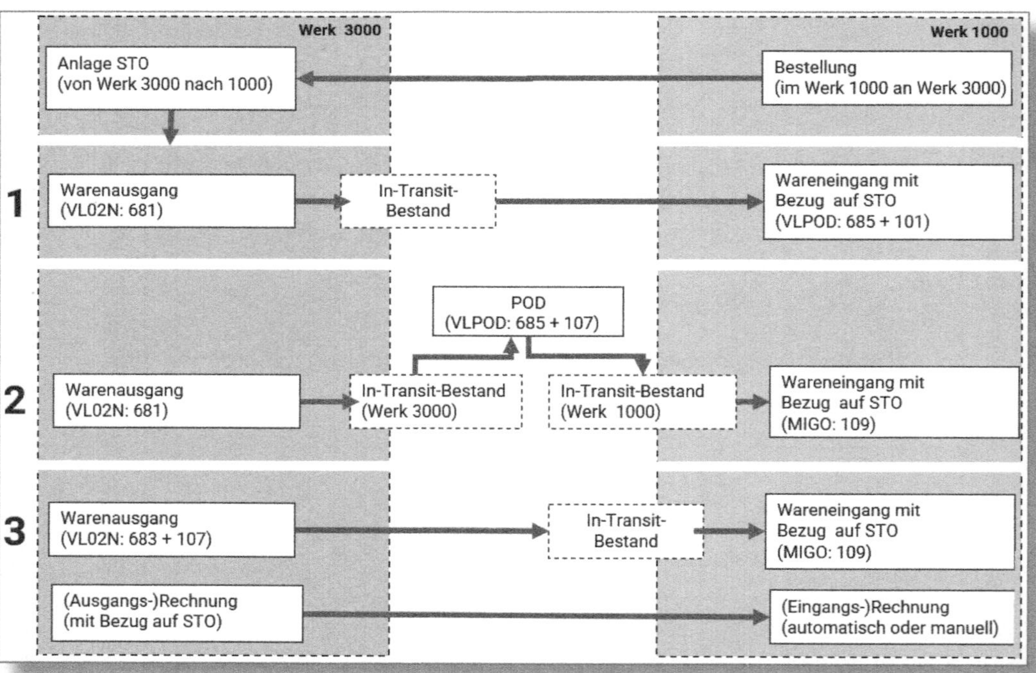

Abbildung 4.2: Überblick SiT-Bewegungsarten

Prozess	Bewegungsarten
1. Sender-SiT	Aus- und Eingang
Cross-company	681, 685, 101
Intra-company	68A, 68I
Für Kunde	687, 601 (POD)
2. Proof-of-Delivery (POD)	Ausgang, POD, Eingang
Cross-company	681, 685/107, 109
Intra-company	68A, 68E, 109
3. Empfänger-SiT	Aus- und Eingang
Cross-company	683/107, 109
Intra-company	68C, 109
Von Lieferant	107, 109

Tabelle 4.1: SiT-Prozesse und Bewegungsarten

Die bisher beschriebenen Prozesse gehen davon aus, dass alles reibungslos verläuft und dass alle Waren, die das Werk des Senders verlassen, tatsächlich im Werk des Empfängers ankommen. Dies ist jedoch nicht immer der Fall. Aus diesem Grund betrachten wir anschließend auch den Rücksendungsprozess, der folgende Bewegungsarten beinhaltet:

- Wird die komplette Lieferung oder nur ein Teil direkt (also ohne SiT-Buchung) retourniert, setzt man die Bewegungsarten 161 und 675 ein.
- Wenn die Waren aus dem Sender-SiT zurückkommen, wird die komplette Lieferung mit der *VL09* und der Bewegungsart 682 angenommen. Bei Teilretouren wird eine *MIGO* mit 417 plus ggf. Ausschuss (Scrap) mit 555 gebucht.
- Werden die Waren hingegen aus dem Empfänger-SiT zurückgenommen, werden sie mittels *MIGO* und den Bewegungsarten 109 und 169 in den Empfänger-SiT gebucht und dann mit der *VL02N*, Bewegungsarten 693 und 167, angenommen.

4.2 Darstellung der SiT-Belege im Material-Ledger

> **Beispielvorgang für SiT**
>
> Um zu verstehen, wie der in Abschnitt 4.1 skizzierte Ablauf funktioniert, betrachten wir folgendes Beispiel: Ein chinesisches Unternehmen (Werk 2820 in diesem Beispiel) verkauft Waren an ein US-Unternehmen (Werk 2821).

Vor der Einführung von Enhancement Package 5 wäre diese Art von Übertragung im Material-Ledger als externer Einkauf aus China erschienen, obwohl das chinesische und das US-Werk zum selben Konzern gehören.

Mit der neuen Business-Funktion wird diese Übertragung durch die Verwendung von Umlagerungsbestellungen (Stock Transport Order, STO) nun korrekt als Konzerngeschäft angezeigt. Dazu muss das Material-Ledger in beiden Werken aktiviert sein. Um die Beispielbuchungen anzuzeigen, folgen Sie dem Menüpfad RECHNUNGSWESEN • CONTROLLING • PRODUKTKOSTEN-CONTROLLING • ISTKALKULATION/MATERIAL-LEDGER • INFOSYSTEM • DETAILBERICHTE • MATERIALPREISANALYSE oder verwenden den Transaktionscode *CKM3N*.

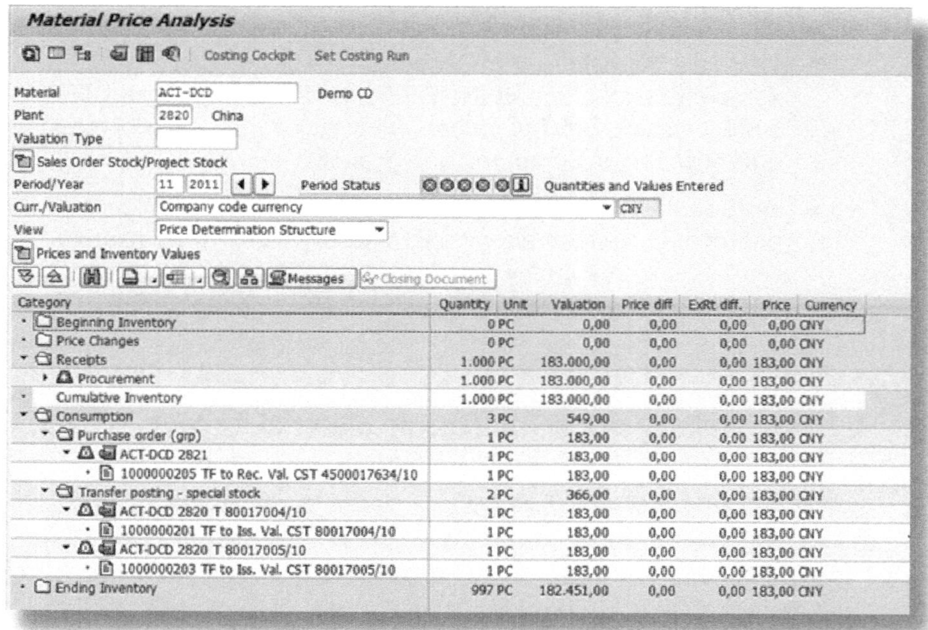

Category	Quantity	Unit	Valuation	Price diff	ExRt diff.	Price	Currency
Beginning Inventory	0	PC	0,00	0,00	0,00	0,00	CNY
Price Changes	0	PC	0,00	0,00	0,00	0,00	CNY
Receipts	1.000	PC	183.000,00	0,00	0,00	183,00	CNY
Procurement	1.000	PC	183.000,00	0,00	0,00	183,00	CNY
Cumulative Inventory	1.000	PC	183.000,00	0,00	0,00	183,00	CNY
Consumption	3	PC	549,00	0,00	0,00	183,00	CNY
Purchase order (grp)	1	PC	183,00	0,00	0,00	183,00	CNY
ACT-DCD 2821	1	PC	183,00	0,00	0,00	183,00	CNY
1000000205 TF to Rec. Val. CST 4500017634/10	1	PC	183,00	0,00	0,00	183,00	CNY
Transfer posting - special stock	2	PC	366,00	0,00	0,00	183,00	CNY
ACT-DCD 2820 T 80017004/10	1	PC	183,00	0,00	0,00	183,00	CNY
1000000201 TF to Iss. Val. CST 80017004/10	1	PC	183,00	0,00	0,00	183,00	CNY
ACT-DCD 2820 T 80017005/10	1	PC	183,00	0,00	0,00	183,00	CNY
1000000203 TF to Iss. Val. CST 80017005/10	1	PC	183,00	0,00	0,00	183,00	CNY
Ending Inventory	997	PC	182.451,00	0,00	0,00	183,00	CNY

Abbildung 4.3: Materialpreisanalyse des sendenden Werks

Beachten Sie in der Abbildung 4.3, die das Material ACT-DCD aus Sicht des Werks 2820 – CHINA darstellt, den Ordner CONSUMPTION. Er dokumentiert, dass drei Lagerübertragungen stattgefunden haben.

- Der Ordner PURCHASE ORDER (GRP) zeigt eine Bewegung von Waren aus dem chinesischen Lager in das US-amerikanische Lager, wo die Waren jetzt zum Werk 2821 gehören (siehe Szenario 3 in Abbildung 4.1). Das Werk 2821 verfügt über seinen eigenen Transitbestand, da diese Zeile die Waren in den Transitbestand des Empfängers (TF TO REC. VAL. CST) übertragen hat.

- Der Ordner TRANSFER POSTING – SPECIAL STOCK zeigt Waren im chinesischen Transitbestand (Sonderbestandstyp T; Szenario 1 und 2 in Abbildung 4.1). Aus chinesischer Sicht sind beide Waren vom freien Lagerbestand in den chinesischen Transitbestand gewechselt (TF TO ISS. VAL. CST) und stehen nicht mehr für Verfügbarkeitsprüfungen zur Verfügung. Diese Waren können nun entweder direkt in das US-Lager oder über den US-Transitbestand bewegt werden. Der Sonderbestandstyp T und die Möglichkeit, Umbuchungen in und aus Sonderbeständen durchzuführen, sind neue Funktionen.

Um mehr Details zum zweiten Buchungsposten zu sehen, führen Sie einen Doppelklick auf die Zeile mit der Belegnummer 1000000201 aus. Abbildung 4.4 zeigt den dazugehörigen Material-Ledger-Beleg und die Bewegung der Waren vom chinesischen Lagerbestand (Werk 2820) zum chinesischen Bestand im Transit (Sonderbestandstyp T im Werk 2820).

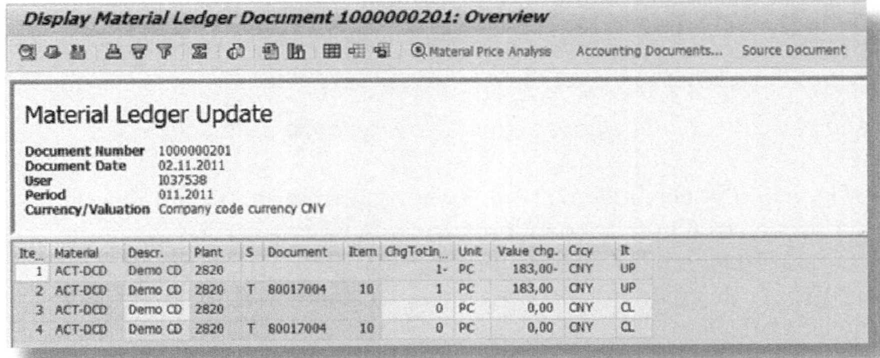

Ite...	Material	Descr.	Plant	S	Document	Item	ChgTotIn...	Unit	Value chg.	Crcy	It
1	ACT-DCD	Demo CD	2820				1-	PC	183,00-	CNY	UP
2	ACT-DCD	Demo CD	2820	T	80017004	10	1	PC	183,00	CNY	UP
3	ACT-DCD	Demo CD	2820				0	PC	0,00	CNY	CL
4	ACT-DCD	Demo CD	2820	T	80017004	10	0	PC	0,00	CNY	CL

Abbildung 4.4: ML-Dokument mit dem Warenausgang in das SiT

Wenn Sie auf den Menüpunkt SOURCE DOCUMENT klicken, sehen Sie die Details zu den Bewegungstypen und der Kontierung.

Aber zunächst schauen wir uns die entsprechenden Buchungen im US-Werk an. In der Transaktion *CKM3N* in Abbildung 4.5 sehen Sie nun den Warenzugang im US-Werk. Im Ordner PURCHASE ORDER (GRP) sind erneut drei Positionen verzeichnet. Die ersten beiden (GR TO VAL. BL. STOCK) dokumentieren die Bewegung in den US-Transitbestand. Die letzte (GR GOODS RECEIPT) stellt die Ankunft der Ware aus dem chinesischen Transitbestand direkt im US-Lager dar.

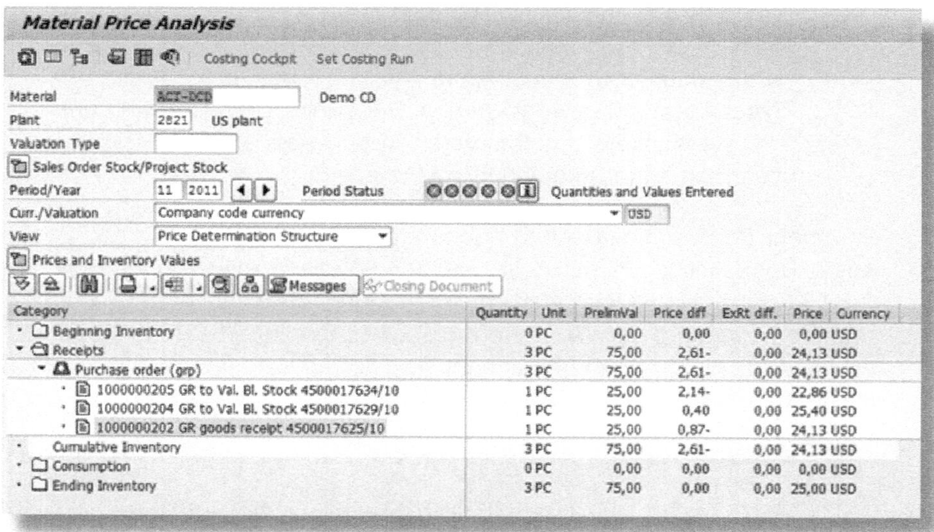

Category	Quantity Unit	PrelimVal	Price dff	ExRt dff.	Price Currency
Beginning Inventory	0 PC	0,00	0,00	0,00	0,00 USD
Receipts	3 PC	75,00	2,61-	0,00	24,13 USD
Purchase order (grp)	3 PC	75,00	2,61-	0,00	24,13 USD
1000000205 GR to Val. Bl. Stock 4500017634/10	1 PC	25,00	2,14-	0,00	22,86 USD
1000000204 GR to Val. Bl. Stock 4500017629/10	1 PC	25,00	0,40	0,00	25,40 USD
1000000202 GR goods receipt 4500017625/10	1 PC	25,00	0,87-	0,00	24,13 USD
Cumulative Inventory	3 PC	75,00	2,61-	0,00	24,13 USD
Consumption	0 PC	0,00	0,00	0,00	0,00 USD
Ending Inventory	3 PC	75,00	0,00	0,00	25,00 USD

Abbildung 4.5: Materialpreisanalyse des Empfängerwerks

Um mehr Details über diesen Buchungsposten zu sehen, können Sie wiederum einen Doppelklick auf die Zeile mit der Belegnummer 1000000204 ausführen. Abbildung 4.6 zeigt den dazugehörigen Material-Ledger-Beleg und die Bewegung vom Sendertransitbestand (Speziallagerart T im Werk 2820) zum freien Lagerbestand im US-Werk (2821).

Wenn Sie nun SOURCE DOCUMENT anklicken, können Sie den Logistik-Beleg und die SiT-Bewegungsarten betrachten (siehe Abbildung 4.7).

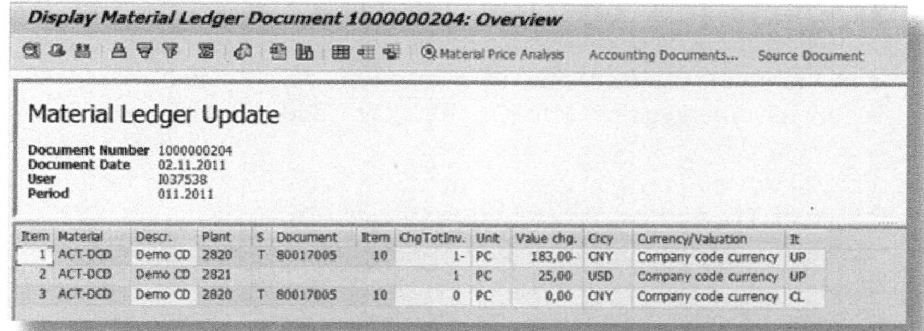

Display Material Ledger Document 1000000204: Overview
Material Price Analysis
Accounting Documents...
Source Document
Material Ledger Update
Document Number 1000000204
Document Date 02.11.2011
User I037538
Period 011.2011
Item Material Descr. Plant S Document Item ChgTotInv. Unit Value chg. Crcy Currency/Valuation It
1 ACT-DCD Demo CD 2820 T 80017005 10 1- PC 183,00- CNY Company code currency UP
2 ACT-DCD Demo CD 2821 1 PC 25,00 USD Company code currency UP
3 ACT-DCD Demo CD 2820 T 80017005 10 0 PC 0,00 CNY Company code currency CL

Abbildung 4.6: ML-Dokument mit dem Warenzugang aus dem SiT in das Lager des Empfängerwerks

Display Material Document 4900000875 - Janet Dorothy Salmon
Help
General
Doc. info
Document Date 02.11.2011
Posting Date 02.11.2011
Individual Slip
Delivery Note 0080017004
Bill of Lading
GR/GI Slip No.
Vendor China Company code 2820
HeaderText
Line Mat. Short Text Qty in UnE E... SLoc Profit Center G/L Account Batch Valuation ... M... Stock Type Plnt
1 Demo CD 1 PC 9999 893010 685 China
2 Demo CD 1 PC Lagerort 0001 101 US plant
Material Quantity Where Purchase Order Data Partner Stock Transfer Account Assignment
Purchase Order 4500017625 10
Item Category Standard

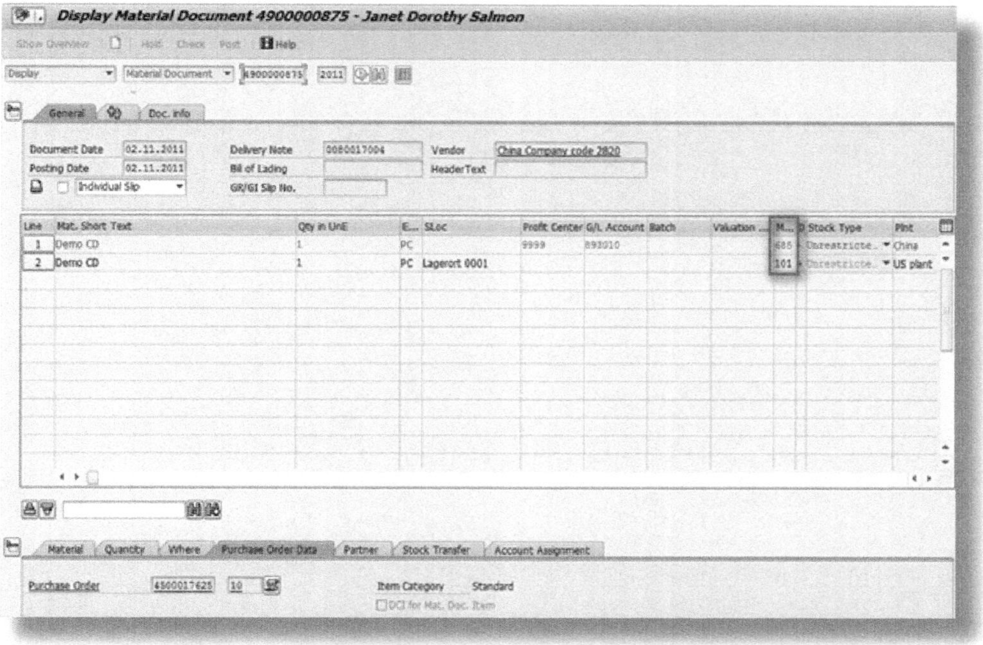

Abbildung 4.7: Logistikdokument mit den relevanten Bewegungsarten

Hier sehen Sie die Bewegungsarten 685 für die Warenausgabe aus dem Sendertransitbestand und 101 für den Warenempfang im US-Lager in der Spalte M... Die Bewegungsart 685 ist neu, genauso wie die Bewegungsarten für die anderen Optionen, die allesamt für die Kontenbestimmung relevant sind. Hier sehen Sie zum Beispiel, dass der Buchungsvorgang dem Konto (G/L ACCOUNT) 893010 zugewiesen ist.

Die wichtigsten Einstellungen für den SiT werden durch die Lieferart (DELIVERY TYPE) in der Bestellung gesteuert. Wenn Sie in den Details der Bestellung die Lieferungsdaten (SHIPPING) betrachten (siehe Abbildung 4.8), finden Sie unter Details (ITEM) die Lieferart NCC2 – ISS. SIT – REC. PLANT.

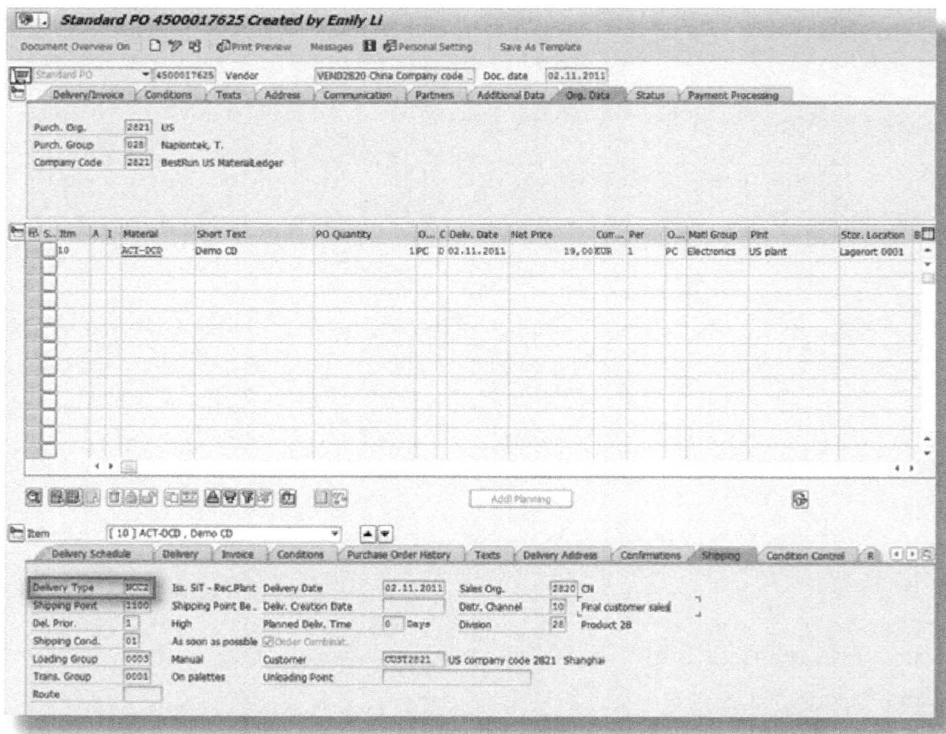

Abbildung 4.8: Umlagerungsbestellung (STO – Stock Transport Order) mit Lieferart NCC2

4.3 Aktivierung und Customizing

Um zu verstehen, wie Sie diesen Prozess einrichten, erkläre ich auf den folgenden Seiten die Einstellungen im Customizing, die mit der Lieferart verbunden sind, im Detail.

Im ersten Schritt müssen Sie die Business Function LOG_MM_SIT aktivieren.

SiT und Konzernbewertung

Es reicht für die Ist-Kosten-Nachverrechnung bei der Konzernbewertung nicht aus, wenn einfach die Business Function aktiv geschaltet ist, Sie müssen selbstverständlich auch mit den entsprechenden SiT-Bewegungsarten arbeiten.

Die Business Function müssen Sie – wenn sie nicht bereits (abhängig vom Release) eine S/4_ALWAYS_ON_FUNCTION ist – in der *SFW5* aktivieren. Prüfen Sie daher in Ihrem System, ob die Business Function in dieser Transaktion unter ENTERPRISE_BUSINESS_FUNCTIONS zu finden oder ob sie bereits aktiv ist (siehe Abbildung 4.9).

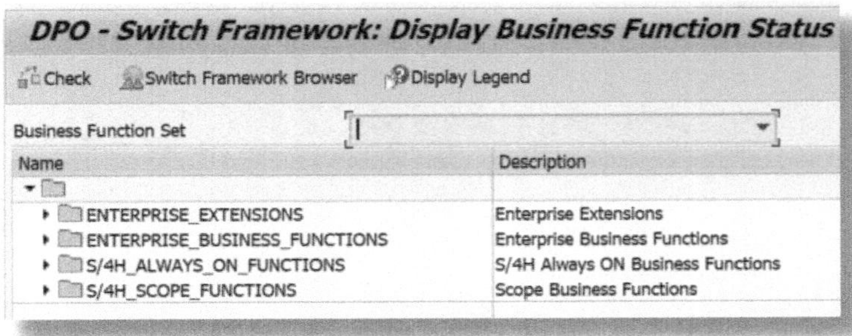

Abbildung 4.9: SFW5 – Überblick zum Switch Framework

Neben den neuen Bewegungsarten werden folgende *Einteilungstypen (schedule line categories)* mitaktiviert:

- **N1:** Direkter Transfer aus dem Lager in den Transitbestand des Empfängers (führt die Bewegungsart 683 aus)
- **N2:** Buchung auf den Transitbestand des Senders (via Bewegungsart 681) und anschließend auf den freien Bestand des Empfängers (via Bewegungsart 685)
- **N3:** Buchung in den Transitbestand des Senders (mit Bewegungsart 681) und anschließend in den Transitbestand des Empfängers (mit Bewegungsart 685)

Im Folgenden beschreibe ich nur N3 im Detail, da sich N1 und N2 daraus logisch ergeben. Wir kehren zu unserem Beispiel mit dem amerikanischen und dem chinesischen Werk zurück.

Um die gelieferten Optionen anzuzeigen, folgen Sie dem IMG-Menüpfad VERTRIEB • VERKAUF • VERKAUFSBELEGE • EINTEILUNGEN • EINTEILUNGSTYPEN oder verwenden den Transaktionscode *VOV6*. In den Ergebnissen finden sich N1 bis N3 für interne Bestände (CST) und N4 bis N6 für innerbetriebliche Bestände (IST) (siehe Abbildung 4.10). Die Option NU (in der Abbildung nicht sichtbar) ist auch für den Verkauf an Endkunden verfügbar.

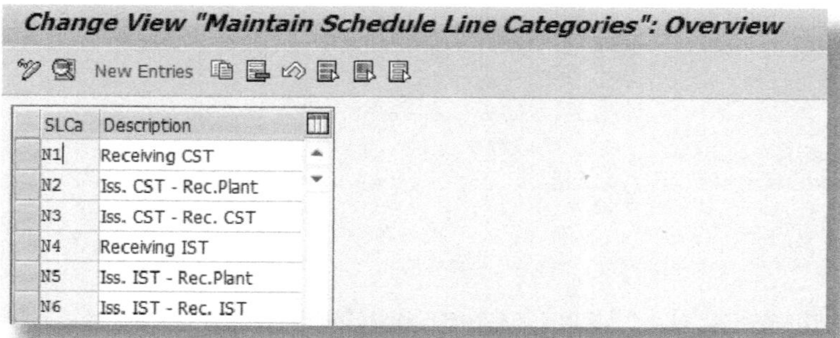

Abbildung 4.10: Einteilungstyp für SiT

Wenn Sie die Zeile mit dem Key N1 auswählen, gelangen Sie in das Fenster aus Abbildung 4.11.

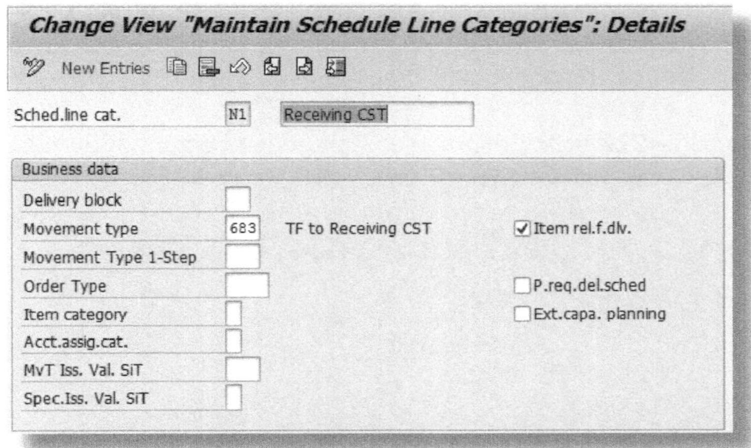

Abbildung 4.11: Einstellung zu N1 – Warenausgang in das Empfänger-SiT

Hier gibt es nach der Aktivierung von SiT zwei neue Felder:

- MVT ISS. VAL. SIT (Bewegungstyp für die Ausgabe bewerteter Vorräte im Transit)
- SPEC.ISS. VAL. SIT (Spezifikation für die Ausgabe bewerteter Vorräte im Transit)

Diese Einstellung verbucht mithilfe der Bewegungsart 683 Bestände aus dem chinesischen Lager in den US-Transitbestand. Im Falle des Einteilungstyps N1 sind die neuen Felder leer, weil die Bewegung der Güter vom Empfängertransitbestand (empfangender Buchungskreis) in den Empfängerfreibestand durch die Buchung eines Wareneingangs mit dem Transaktionscode *MIGO* erfolgt.

Die Einstellungen für die Einteilungen

- N2 *(Iss. CST – Rec.Plant)* in Abbildung 4.12 und
- N3 *(Iss. CST – Rec. CST)* in Abbildung 4.13

bestimmen beide, dass Waren mit der Bewegungsart 681 in den chinesischen Transitbestand überführt und mit der Bewegungsart 685 aus dem chinesischen Transitbestand ausgegeben werden.

Der Unterschied zwischen den beiden Kategorien besteht in der Eingabe im Feld SPEC.ISS. VAL. SIT.

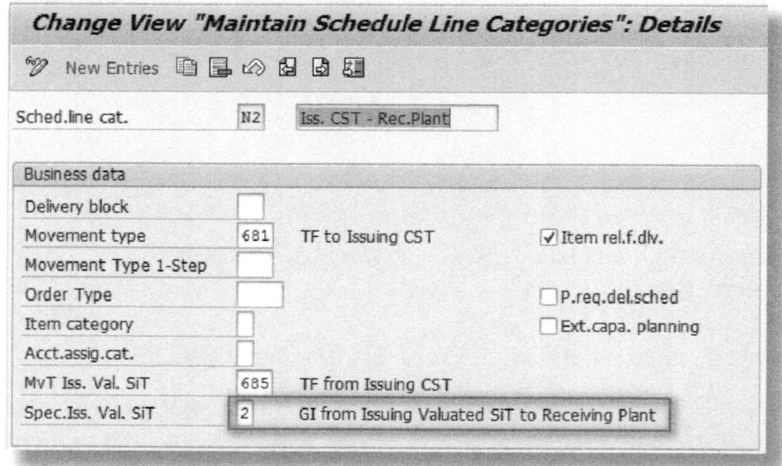

Abbildung 4.12: Einstellung zu N2 – Warenausgang in den Sender-SiT und von dort in den Wareneingang des Empfängers

In Abbildung 4.12 legt die Eingabe von *2 – GI from Issuing Valuated SiT to Receiving Plant* fest, dass die Waren vom chinesischen Transitbestand in das US-Inventar überführt werden.

Im Customizing zur Abbildung 4.13 bewirkt hingegen die Eingabe von *1 – GI from Issuing Valuated SiT to Receiving Valuated SiT* in dieses Feld, dass Waren vom chinesischen Transitbestand in den US-Transitbestand verschoben werden.

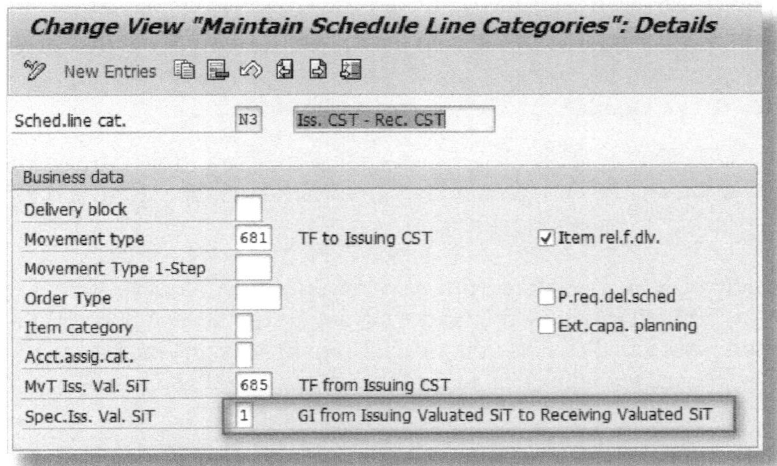

Abbildung 4.13: Einstellung zu N3 – Warenausgang in den Sender-SiT und von dort in den Empfänger-SiT

Das gleiche Grundmuster verwenden Sie, um buchungskreisinterne Umlagerungen abzubilden. Dabei sind aber die Bewegungsarten andere, damit man bei der Zuordnung der Konten zwischen innerbetrieblichen und zwischenbetrieblichen Vorgängen unterscheiden kann.

- **N4:** Direkte Übertragung vom Lager in den Empfängertransitbestand (gebucht mit der Bewegungsart 68C)
- **N5:** Buchung in den Sendertransitbestand (mit der Bewegungsart 68A) und dann in den freien Bestand des Empfängerwerks (mit der Bewegungsart 68I)
- **N6:** Buchung in den Sendertransitbestand (mit der Bewegungsart 68A) und dann in den Empfängertransitbestand (mit der Bewegungsart 68E)

Die Einstellungen für die innerbetrieblichen Vorgänge sind identisch mit denen für zwischenbetriebliche Vorgänge.

Wenn bei Lieferung an Endkunden die Lieferwege und Lieferzeiten länger sind, kann man das System so einrichten, dass sich die Bestände vorerst ebenfalls im Transit (Sonderbestand T) befinden. Hierfür wird der Key NU verwendet:

- **NU:** Buchung in den Sendertransitbestand (mit der Bewegungsart 687) und anschließend Warenausgang zum Kunden (mit der Bewegungsart 601)

Die Buchung des Transfers zum Kunden erfolgt, sobald der Eingang der Waren bestätigt ist. Abbildung 4.14 zeigt die dritte Option für das Feld SPEC.ISS. VAL. SIT, eine verkaufsauftragsbezogene Warenausgabe aus dem Bestand in den Transit.

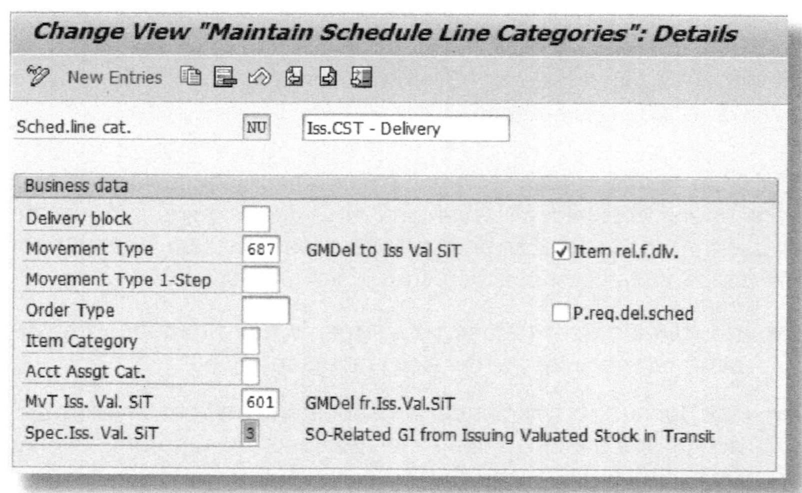

Abbildung 4.14: Einstellung zu NU – Warenausgang vom SiT zum Kunden

Schließlich stelle ich noch die Einstellungen für den Umlagerungsprozess dar.

Zuerst verdienen die Einstellungen für die jeweils zusammengehörigen Sender- und Empfängerwerke Aufmerksamkeit. Für zwischenbetriebliche Umlagerungen wird die Belegart NB und für innerbetriebliche die Belegart UB verwendet.

Hierfür ist folgender Menüpfad relevant: MATERIALWIRTSCHAFT • EINKAUF • BESTELLUNG • UMLAGERUNGSBESTELLUNG EINSTELLEN • BELEGART, EINSCHRITTVERFAHREN, UNTERLIEFERUNGSTOLERANZ ZUORDNEN.

In Abbildung 4.15 sind die Einstellungen für zwischenbetriebliche Aufträge zwischen dem Werk 2820 (China) und dem Werk 2821 (USA) dargestellt. Beachten Sie, dass die Spalte »One Step«, hier angezeigt als O..., leer zu lassen ist, da zwischen Warenausgang und Wareneingang ein erheblicher Zeitunterschied liegt.

Change View "Default Document Type for Stock Transport Orders":

New Entries

Doc. Category F

SPl	Plnt	Type	O...	To...
2820	2821	NB	☐	☐

Abbildung 4.15: Einstellung Belegart für Umlagerungsbestellung

Nun müssen Sie den Einkaufsbelegtyp (TYPE, in unserem Beispiel *NB*) für das liefernde Werk (2820) mit dem SD-Lieferungstyp für das gewählte SiT-Szenario verknüpfen. In den Einstellungen für Lagertransportscheine wählen Sie diesmal *Lieferungstyp und Prüfregel zuordnen*. Für jeden Einkaufsbelegtyp und jedes liefernde Werk erfassen Sie einen Lieferungstyp (DLTY.), wie in Abbildung 4.16 gezeigt. Wenn Sie auf diesem Feld die F4-Hilfe verwenden, sehen Sie eine Reihe von neuen Lieferarten für die Verwendung in Verbindung mit Waren im Transit, einschließlich NCC2, NCC3 und NCCR. *NCC2* ist die Standardeinstellung.

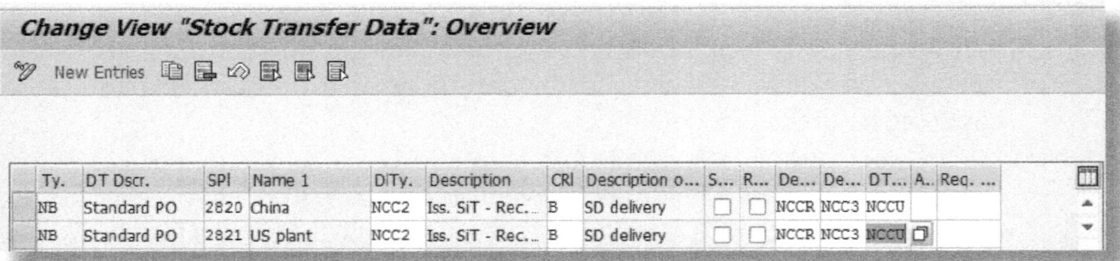

Change View "Stock Transfer Data": Overview

New Entries

Ty.	DT Dscr.	SPl	Name 1	DlTy.	Description	CRl	Description o...	S...	R...	De...	De...	DT...	A..	Req. ...
NB	Standard PO	2820	China	NCC2	Iss. SiT - Rec...	B	SD delivery	☐	☐	NCCR	NCC3	NCCU		
NB	Standard PO	2821	US plant	NCC2	Iss. SiT - Rec...	B	SD delivery	☐	☐	NCCR	NCC3	NCCU		

Abbildung 4.16: Einstellungen für Lieferarten

Nun ist die Lieferart mit einem *Positionstyp* für die Auslieferung zu verknüpfen. Dies erfolgt im IMG-Menüpfad LOGISTICS EXECUTION • VERSAND • LIEFERUNGEN • POSITIONSTYPENFINDUNG IN LIEFERUNGEN DEFINIEREN oder mit dem Transaktionscode *0184*. Abbildung 4.17 zeigt die Einstellungen für die Lieferarten NCC2, NCC3, NCCR und NCCU, die alle mit einem Lieferpositionstyp des gleichen Namens verknüpft sind.

Change View "Delivery item category determination": Overview

New Entries

Delivery item category determination

DlvT	ItCG	Usg.	ItmC	ItmC	MItC	MItC	MItC	MItC	MItC	MItC	MItC	MItC	MItC	MItC
NCC2	NORM	CHSP		NCC2										
NCC2	NORM	V		NCC2										
NCC3	NORM	CHSP		NCC3										
NCC3	NORM	V		NCC3										
NCCR	NORM	CHSP		NCCR										
NCCR	NORM	V		NCCR										
NCCU	NORM			NCCU										
NCCU	NORM	CHSP		NCCU										

Abbildung 4.17: Einstellungen für Positionstypen Lieferung

Zuletzt wird der Positionstyp mit dem entsprechenden Einteilungstyp verknüpft. Dies geschieht über den IMG-Menüpfad VERTRIEB • VERKAUF • VERKAUFSDOKUMENTE • EINTEILUNGEN • EINTEILUNGSTYPEN ZUORDNEN (siehe Abbildung 4.18). Wie oben bereits dargestellt, bestimmt der Einteilungstyp, wie der Transitbestand im System gehandhabt wird.

Change View "Assign Schedule Line Categories": Overview

New Entries

ItCa	Typ	SchLC	MSLCa	MSLCa	MSLCa
NCC2		N2			
NCC3		N3			
NCCR		N1			
NCCU		NU			

Abbildung 4.18: Einstellungen für Einteilungstypen

Da Waren, wie schon angedeutet, auf langen Reisen leicht verloren gehen oder beschädigt werden können, ist es wichtig, bei der Einrichtung des SiT auch den **Retourenprozess** einzustellen. Durch die Aktivierung der neuen Funktion werden ebenso die neuen Kategorien R1 bis R3 für zwischenbetriebliche und die Kategorien R4 bis R6 für innerbetriebliche Vorgänge generiert (siehe Abbildung 4.19).

Change View "Maintain Schedule Line Categories": Overview

New Entries

SLCa	Description
R1	Rec. CST Return
R2	Iss.CST-Rec.Pl.Ret.
R3	Iss.CST-Rec.CST Ret.
R4	Rec. IST Return
R5	Iss.IST-Rec.PlntRet.
R6	Iss.IST-Rec.IST Ret.

Abbildung 4.19: Einstellungen für Retouren

Ein Beispiel hierfür ist die Einstellung zu R2, zu sehen in Abbildung 4.20.

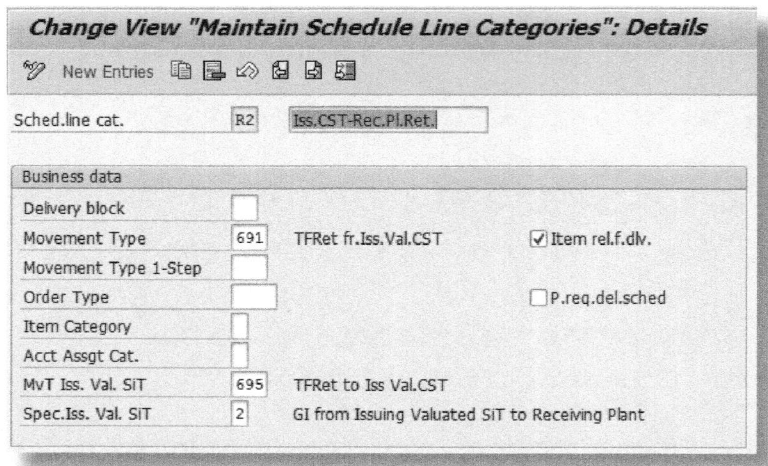

Abbildung 4.20: Einstellung zu R2 – Retoure vom Empfänger-SiT in den Sender-SiT und von dort in den Senderbestand

Sie enthält Einstellungen für zwei Warenbewegungen:

- die erste vom Empfängertransitbestand zum Sendertransitbestand mithilfe der Bewegungsart 691 und
- die zweite vom Sendertransitbestand in den freien Bestand des Senders mithilfe der Bewegungsart 695.

In diesem Kapitel habe die vielen Vorteile der Funktionen des Transitbestands und dessen Einrichtung in SAP erklärt. Ich hoffe, dass dies – auch unabhängig von der Konzernbewertung – zu einem besseren Verständnis dieser vielseitigen Funktion sowie zur Nutzung dieser Vorteile führt.

5 Beispiel zur Konzernbewertung in SAP

In diesem Kapitel wird ein komplettes, in sich abgeschlossenes Beispiel in SAP dargestellt. Es geht um das Material 2000, erzeugt im Werk SP01, Singapur (Buchungskreis 3000), das an das Werk DE01, Deutschland (Buchungskreis 1000), verkauft wird. Es kommt zu Abweichungen im Werk SP01, die in der Konzernbewertung über die Buchungskreise an das deutsche Werk nachverrechnet werden. Ich erkläre Ihnen, wie Sie zu den legalen und Konzernwerten im Plan und Ist kommen und welche Plan-, Ist- und Monatsabschlusstransaktionen hierfür erforderlich sind.

Generell gilt es festzuhalten: SAP ermöglicht einen parallelen Wertefluss nach dem Konzernbewertungsprinzip. Dabei ist es egal, ob Sie ECC nutzen oder S/4HANA mit dem Universal Journal sowie dem Universal Parallel Accounting.

Hierfür müssen Sie im System zunächst die Voraussetzungen schaffen. Die wesentlichen Punkte in diesem Zusammenhang sind:

- Es ist erforderlich, in allen Finanzmodulen die Konzernbewertung einzurichten.
- Damit die buchungskreisübergreifende Ist-Kosten-Nachverrechnung funktioniert, müssen Sie die Warenbewegungen mittels SiT-Bewegungsarten erfassen (siehe dazu Kapitel 4).
- Bei der Fakturierung im SD sind die entsprechende Konzernkonditionen einzusetzen.
- In den Materialstämmen des empfangenden Werks müssen Sie die Sonderbeschaffungsschlüssel pflegen.
- Die Standardpreiskalkulation ist für die legale und die Konzernsicht parallel auszuführen.

Wenn die Ist-Kosten-Nachverrechnung für die legale Bewertung bereits im Einsatz ist, dann ändert sich im Monatsabschluss nichts, da man die Ist-Kalkulation generell für beide Bewertungen in einem Lauf durchführt.

Weitere Details zu den Einstellungen (Customizing) sind in Kapitel 3, das Thema »Stock-in-Transit (SiT)« in Kapitel 4 beschrieben. Die erforderlichen Aktivitäten betreffend Stamm- und Bewegungsdaten erkläre ich in diesem Kapitel.

Zunächst möchte ich kurz die Währungstypen erläutern, die in SAP verfügbar sind:

- 00 – Transaktionswährung; diese Währung wird für die relevante Transaktion verwendet; z. B. kauft ein Buchungskreis mit der Hauswährung EUR in der Schweiz in CHF ein – in diesem Fall ist CHF die Transaktionswährung.
- 10 – Buchungskreis- oder Hauswährung; dabei handelt es sich um jene Währung, in der die lokalen Bücher im externen Rechnungswesen geführt werden; sie ist meist die Landeswährung des jeweiligen Buchungskreises.
- 20 – Kostenrechnungskreiswährung; dies ist jene Währung, die dem Kostenrechnungskreis zugeordnet wird, wenn die Kostenrechnungskreiswährung von der Buchungskreiswährung abweicht. Es wird jedoch empfohlen, den Währungsschlüssel 30 zu verwenden.
- 30 – Konzernwährung; diese Währung wird als übergreifende Währung für den gesamten Konzern verwendet, sodass Beträge in derselben Währung verglichen werden können; diese Währung sollte generell auch dem Kostenrechnungskreis zugordnet werden.
- 40 – Hart- oder Indexwährung; diese Währung können Sie bei der Definition des Landes, dem Ihr Buchungskreis zugeordnet ist, hinterlegen. Sie wird öfter in Ländern mit hoher Inflation verwendet.
- 60 – Gesellschaftswährung; diese Währung wird bei der Definition der Gesellschaft eingerichtet.

Des Weiteren gibt es in SAP drei Bewertungssichten, die hier relevant sind:

- 0 – legale Bewertung
- 1 – Konzernbewertung
- 2 – Profitcenter-Bewertung

Abschließend möchte ich nun hierzu die drei Bewertungen darstellen, die SAP (als Addition von Währungstyp und Bewertungssicht) anbietet:

1. **Legale Bewertung** (Currency Types – 10, 20, 30, 40, 60):
   - Sie behandelt jeden Buchungskreis als unabhängige Gesellschaft.
   - Die Materialbewertung betrachtet alle Materialbewegungen wie Fremdleistungen, auch konzerninterne Bewegungen.
   - Die Konten und Kalkulationen inkludieren I/C-Profite.
   - Beispiel: Der Wert 10 ergibt sich aus der Addition von Währungsschlüssel 10 und Bewertungssicht 0.

2. **Konzernbewertung** (Currency Types – 11, 31):
   - Sie ignoriert die Buchungskreisgrenzen.
   - Die Materialpreise (inkl. Komponenten) werden über die gesamte Konzern-Wertschöpfungskette betrachtet.
   - I/C-Transferpreise werden nicht berücksichtigt.
   - Die Werte der Konten und Kalkulationen inkludieren keine I/C-Profite.
   - Die I/C-Profite werden in eigenen Kostenkomponenten und Konten gespeichert.
   - Beispiel: Der Wert 31 ergibt sich aus der Addition von Währungsschlüssel 30 und Bewertungssicht 1.

3. **Profitcenter-Bewertung** (Currency Types – 12, 32):

   - Es werden Profitcenter-Transferpreise verwendet.
   - Sie bietet die Möglichkeit, (buchungskreis-)interne Profite zu buchen und zu berichten.
   - Ermöglicht eine Matrixdarstellung innerhalb eines Konzerns und/oder Buchungskreises.
   - Beispiel: Der Wert 32 ergibt sich aus der Addition von Währungsschlüssel 30 und Bewertungssicht 2.

Einstellung der Bewertung in SAP

Ich möchte an dieser Stelle noch darauf hinweisen, dass die Einstellung der Bewertung in SAP nicht immer identisch ist. Im Falle der Einrichtung des Ledgers in S/4HANA ist der Wert zur Bewertung zu erfassen (also: der Wert 31, siehe Abbildung 3.1), in der »zusätzlichen Währung je Buchungskreis« in ECC oder im W&P-Profil sind der Währungstyp und die Bewertungssicht (siehe Abbildung 3.2 bzw. Abbildung 3.12) anzugeben.

5.1 Exkurs: Konzernwert via Plankalkulation

Aufgrund der Tatsache, dass für die Konzernbewertung diverse Einstellungen durchzuführen sind und viele Kunden dies vermeiden möchten, wurde und wird sehr oft zusätzlich zur legalen Kalkulation eine nur buchungskreisübergreifende eingerichtet.

Dadurch reduziert sich der Aufwand auf wenige Schritte. Allerdings ist die Aussagekraft der Informationen, die man auf diese Weise gewinnt, sehr begrenzt. Das möchte ich in diesem Exkurs darstellen.

Die Konzernplankalkulation ist technisch eine legale Kalkulation, die buchungskreisübergreifend eingerichtet wird. Daher wird sie systemtechnisch für die Standardpreiskalkulation gesperrt – es ist keine Vormerkung und/oder Freigabe mit Transaktion *CK24* möglich. Die Plankalkulation ist als eine eigene Kalkulationsvariante anzulegen und getrennt von der legalen Kalkulation auszuführen. Das Ergebnis kann im Materialstamm auf der Sicht »Buchhaltung 2« (handels- und steuerrechtliche Felder) oder »Kalkulation 2« (Planpreise) abgespeichert werden.

Trotz aller Einschränkungen (die Nachteile nenne ich gleich im Anschluss) hat diese buchungsübergreifende Plankalkulation ihre Einsatzberechtigung und einige Vorteile:

- Der Aufwand für die Einrichtung ist relativ gering: Man braucht nur eine Kalkulationsvariante anzulegen und die Sonderbeschaffungsschlüssel in den relevanten Materialstämmen zu pflegen.
- Außerdem lässt sich diese Kalkulation ohne vorherige Ermittlung und Abspeicherung der I/C-Verrechnungspreise durchführen (für die Ermittlung der I/C-Mark-ups bei der Konzernkalkulation ist dagegen vorausgesetzt, dass das System die legalen Einkaufspreise kennt).

Verwendet man die buchungskreisübergreifende Plankalkulation allerdings als Ersatz für die eigentliche Konzernkalkulation, muss man eine Reihe von Nachteilen in Kauf nehmen:

- Es handelt sich um eine reine Plankalkulation, die nicht mit Ist-Werten arbeitet.
- Der periodische Verrechnungspreis (PVP) im Konzern lässt sich nicht ermitteln.
- Die Kalkulation berücksichtigt keine Konzern-Ist-Komponenten und kein WIP zu Ist.
- Eine Konzern-Ist-Bestandsbewertung ist nicht möglich.
- Die Mark-ups/Gewinnaufschläge lassen sich weder im Plan noch im Ist errechnen.
- Konzern-S-Preise und PVP werden nicht im Materialstamm, Sicht »Buchhaltung 1«, abgespeichert.

- Daher gibt es auch keine Möglichkeit, die gesamte Historie mit dem oder im Materialstamm abzulegen. Infolgedessen steht der Konzernwert in Standardberichten nicht zur Verfügung.
- Es werden somit keine Warenbewegungen zu Konzern-S-Preis/ PVP bewertet und gebucht (es gibt keine Belege mit Konzernwerten, daher hierzu auch keine Standardberichte).
- Die Bewertung mit der Konzernplankalkulation funktioniert nur in der **kalkulatorischen** Ergebnisrechnung.
- Es ist keine Konzern-Ist-Ergebnisrechnung möglich.

Allerdings bietet sich diese Konzernplankalkulation als Lösungsansatz an, wenn die I/C-Verrechnungspreise als Cost-plus-Preise definiert sind und wenn sie mit anderen Systemen oder Programmen nur schwer kalkulierbar sind.

Beispiel: Mehrstufige Produktion und Cost-plus-Preise

Ein Material wird in fünf Stufen hergestellt. Jede der Produktionsstufen findet in einem anderen Land statt, dabei fällt ggf. auch Ausschuss an. Die I/C-Preise sind als Cost-plus-Preise definiert.

Die Ermittlung der I/C-Marge kann unter diesen Umständen sehr aufwendig werden. Da man aber die Stücklisten, Arbeitspläne, Ausschussprozente etc. für die legale und Konzernbewertung ohnehin in SAP pflegen muss, lässt sich der Mehrwert je Stufe über die Plankalkulation ermitteln.

Beispielhaft richten wir dafür die Kalkulationsvariante PREC ein. Dafür legen wir eine eigene Kalkulationsart (COSTING TYPE) und Bewertungsvariante (VALUATION VARIANT; beide heißen PC) an und ordnen sie der Kalkulationsvariante zu (siehe Abbildung 5.1). Die Kalkulationsart definieren wir als legale Bewertung *(0 Legal Valuation)*, sehen aber kein PRICE UPDATE vor (siehe Abbildung 5.2), da die Kalkulationsvariante buchungskreisübergreifend eingerichtet wurde.

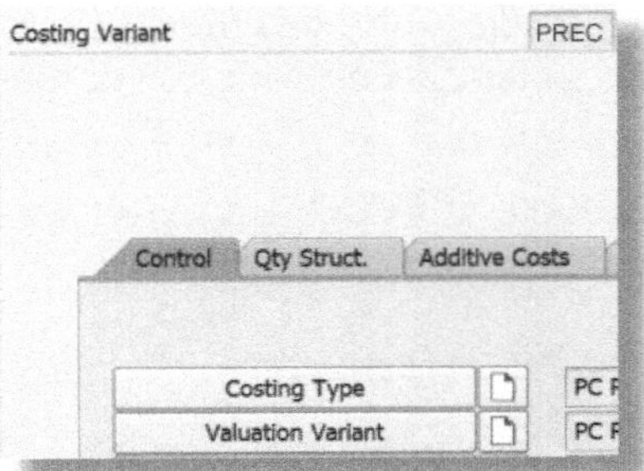

Abbildung 5.1: Kalkulationsvariante PREC und Kalkulationsart PC – eine legale Sicht

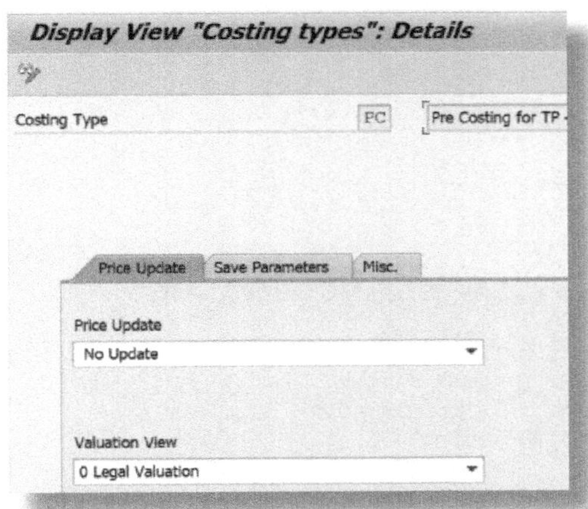

Abbildung 5.2: Kalkulationsvariante PREC und Kalkulationsart PC – eine legale Sicht

Wie Sie in Abbildung 5.3 sehen, können wir mit dieser Kalkulationsvariante auch eine buchungskreisübergreifende Kalkulation, also die Konzernsicht, erreichen:

- Die Kalkulation wurde für das Material 2000 im Werk DE01 mit der Transaktion *CK13N* aufgerufen.
- In der zweiten Zeile ist das Material 2000 im Werk SP01 selektiert. Das Material wird aus der Komponente 1500 und weiteren Einsatzmaterialien erzeugt.

- Auf der Detailseite (rechts) werden die Werte des Materials im Werk SP01 nach Kostenkomponenten (Zeilen 1 bis 52) dargestellt.
- In der Komponente 60 I/C-MARK-UP ist jedoch kein Wert vorhanden, da die Plankalkulation diesen nicht ermitteln kann.

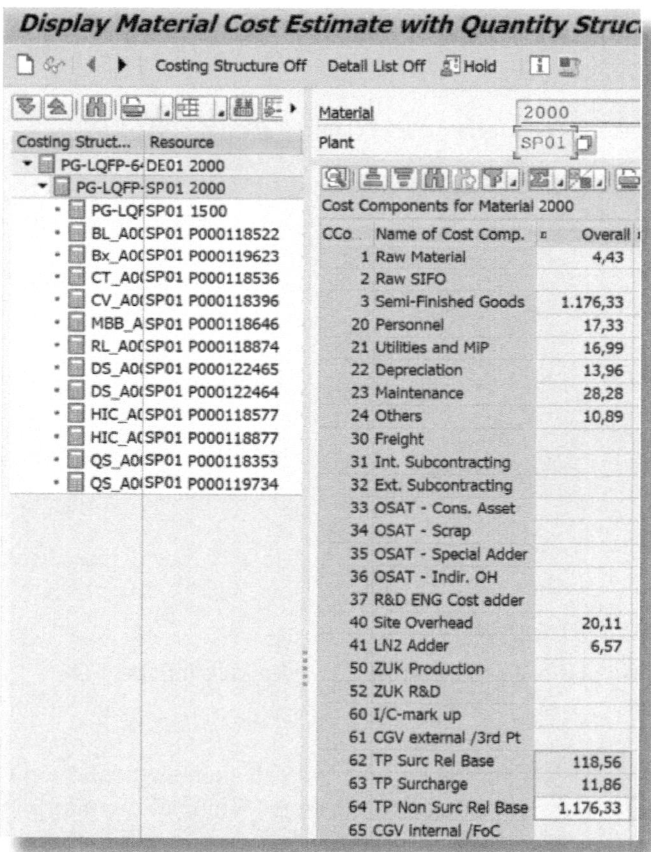

Abbildung 5.3: Kalkulationsergebnis der Kalkulationsvariante PREC – buchungskreisübergreifend, legale Sicht

In der Kalkulationsvariante PREC richten wir dazu die nicht bewertungsrelevanten Komponenten 62 bis 64 in der Transaktion *OKTZ* ein. Mittels User-Exits werden dabei die Mehrwerte der Vorstufen in der Komponente 64 und jene der aktuellen Stufe in der Komponente 62 aufsummiert. Dann wird mittels Zuschlag das Mark-up – auf Basis der Komponente 62 – ermittelt und in die Komponente 63 geschrieben.

Wenn wir nun die drei Komponenten addieren, ergibt die Summe den legalen Einkaufspreis für den deutschen Buchungskreis. Im Beispiel oben ist die Summe der drei Komponenten 1.306,75 Singapur-Dollar (SGD). Mittels der Transaktion *EWCT* lässt sich das in 809,13 EUR umrechnen (siehe Abbildung 5.4) und in einen Einkaufsinfosatz schreiben, am besten automatisiert via Z-Programm (siehe Abbildung 5.5).

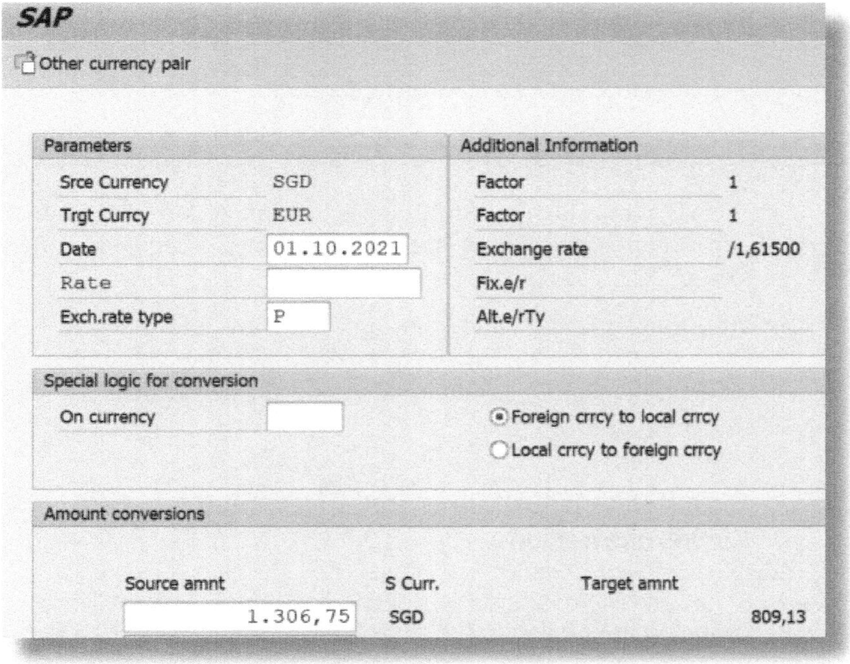

SAP

Other currency pair

Parameters		Additional Information	
Srce Currency	SGD	Factor	1
Trgt Curr	EUR	Factor	1
Date	01.10.2021	Exchange rate	/1,61500
Rate		Fix.e/r	
Exch.rate type	P	Alt.e/rTy	

Special logic for conversion

On currency

Foreign crrcy to local crrcy

Local crrcy to foreign crrcy

Amount conversions

Source amnt	S Curr.	Target amnt
1.306,75	SGD	809,13

Abbildung 5.4: EWCT – Umrechnung Währungen

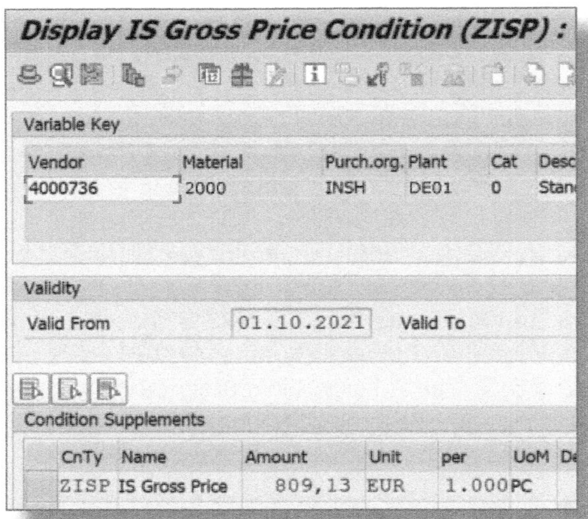

Abbildung 5.5: ME13 – Einkaufsinfosatz für DE01

Auf diese Art und Weise schlägt man mehrere Fliegen mit einer Klappe:

- Das Ergebnis ist nun ein I/C-Verrechnungspreis, der im System dokumentiert verfügbar ist und jederzeit neu gerechnet werden kann.
- Die Konzernkalkulation kann das Mark-up aufgrund des Einkaufsinfosatzes und des Werts des relevanten Materials im Werk der Vorstufe ermitteln (Standardfunktionalität!).

5.2 Organisationsstrukturen und Stammdaten für die Konzernbewertung

Generell gilt es festzuhalten: Die Konzernbewertung bezieht sich auf einen Kostenrechnungskreis, d. h., alle Buchungskreise müssen demselben Kostenrechnungskreis zugeordnet sein. Mehr Details dazu finden Sie in Kapitel 3.

Für unser Beispiel legen wir u. a. das MATERIAL *2000* in den Werken (PLANT) *DE01* (zugeordnet dem Buchungskreis 1000/Deutschland, siehe Abbildung 5.6), und *SP01* (zugeordnet dem Buchungskreis 3000/ Singapur, siehe Abbildung 5.7) an. Die Preisermittlung (PRICE DETERM.) ist auf *3* (ein-/mehrstufig) eingestellt, beide Materialien sind für das ML aktiviert (Häkchen bei ML ACT.) und somit für die Ist-Kosten-Nachverrechnung (ML-ACT) relevant.

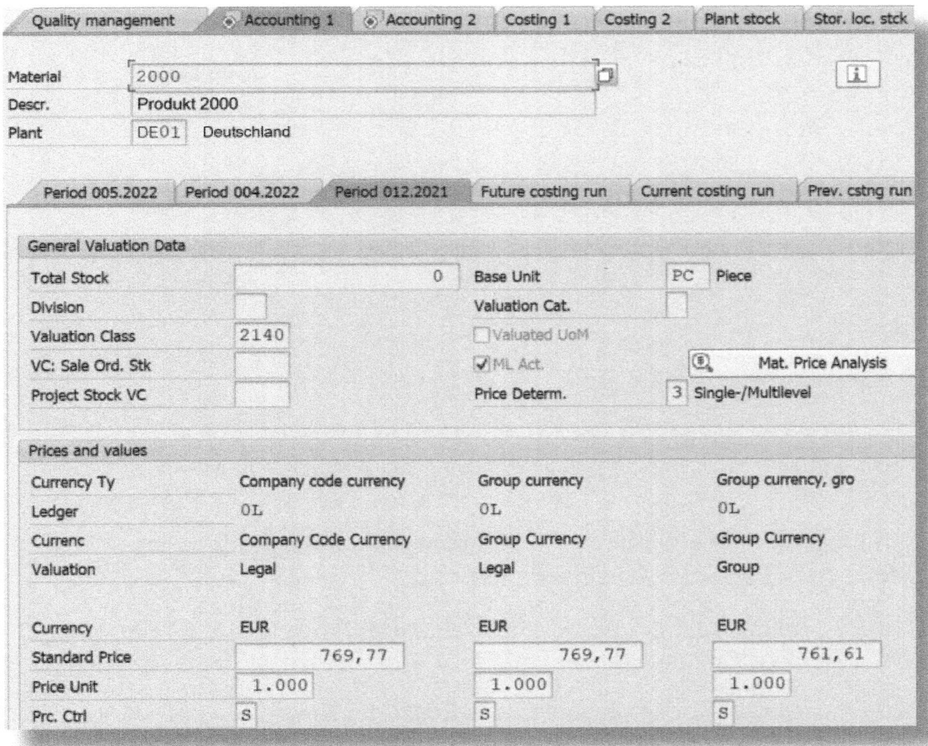

Abbildung 5.6: MM03 – Material 2000 im Werk DE01

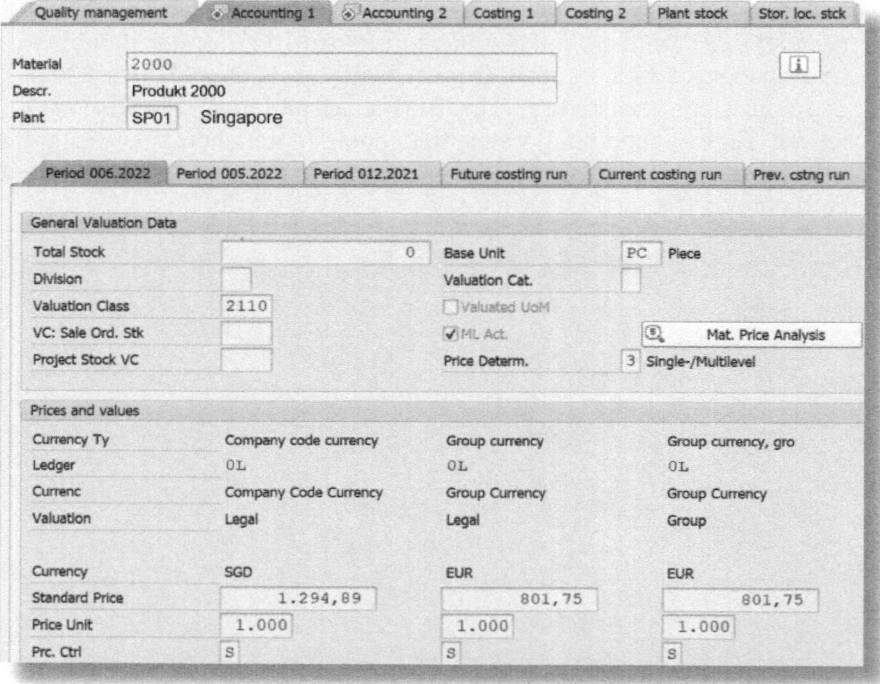

Abbildung 5.7: MM03 – Material 2000 im Werk SP01

In beiden Materialstämmen ist zu erkennen (untere Hälfte), dass die folgenden Bewertungen eingerichtet sind:

- erste Spalte: legale Sicht/Hauswährung (LEGAL/COMPANY CODE CURRENCY)
- zweite Spalte: legale Sicht/Konzernwährung (LEGAL/GROUP CURRENCY)
- dritte Spalte: Konzernbewertung/Konzernwährung (GROUP/GROUP CURRENCY)

Für die Funktionalitäten der Konzernsicht ist die Aktivierung des ML und der Konzernbewertung erforderlich. Für die Ist-Kosten-Nachverrechnung (IKN) im Rahmen der Konzernbewertung muss die Preisermittlung auf *3* gesetzt sein. Ebenso müssen weitere Funktionen in der Logistik aktiviert werden, wie SiT und der Einsatz der Konzernkondition in SD. Details dazu folgen in diesem Kapitel.

Nun pflegen wir in den Materialstämmen der empfangenden Werke (in diesem Fall: DE01) die Sonderbeschaffungsschlüssel in der Transaktion *MM02*, Sicht Disposition 2, Feld Sonderbeschaffungsschlüssel (MARC-SOBSL) oder Sicht Kalkulation 1, Feld Sonderbeschaffungsschlüssel (MARC-SOBSK).

Mithilfe dieser Informationen versteht das System, von welchem Werk dieses Material bezogen wird (in unserem Beispiel Material 2000 in DE01 und Material 2000 in SP01), und somit kann das System eine buchungskreisübergreifende Kalkulation aufbauen. Die relevanten Sonderbeschaffungsschlüssel werden in der Kalkulation, Transaktion *CK11N* bzw. *CK13N*, angezeigt.

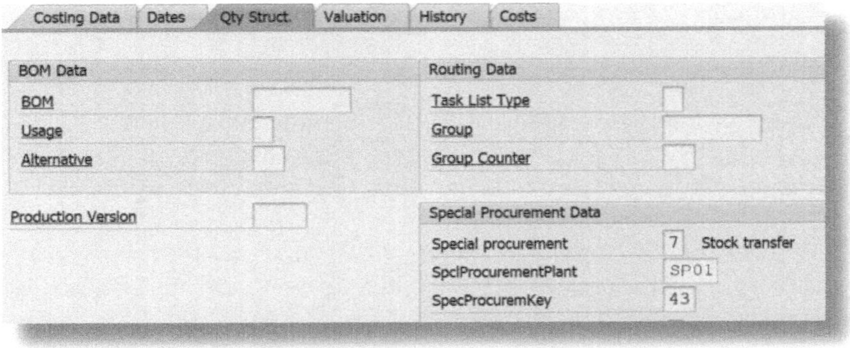

Abbildung 5.8: CK13N – Mengenstruktur zu 2000/DE01

Wie Sie in Abbildung 5.8 sehen, zieht das System aus dem Materialstamm 2000/DE01 den Sonderbeschaffungsschlüssel (SpecProcuremKey) 43. Dieser ist so eingerichtet, dass es sich um eine Umlagerung (Stock transfer) handelt und das Senderwerk (SpclProcurementPlant) SP01 ist.

5.3 S-Preis-Kalkulation für die Konzernbewertung

Wie bereits erwähnt, ist im Produktkosten-Controlling (CO-PC) die Konzernkalkulation zusätzlich zur legalen Kalkulation anzustoßen. Daher ist die Transaktion *CK40N* zweimal anzulegen: erstens mit der legalen Kalkulationsvariante und zweitens mit der Konzernkalkulationsvariante.

☛ Gemeinsames Ausführen der Freigabe

Die Freigabe kann für alle vorgemerkten Kalkulationen zu demselben Zeitpunkt erfolgen. Üblicherweise beginnt man mit der Anlage der legalen Kalkulation (je Buchungskreis). Nach erfolgreichem Abschluss der Schritte Kalkulation und Vormerkung (und Prüfung aller Meldungen und Werte) legt man die Konzernkalkulation (je Kostenrechnungskreis, also: nur eine) an und führt auch hier den Schritt Kalkulation durch. Wenn man nun in der Konzernkalkulation die Freigabe erteilt, wird die jeweilige Funktion für beide Kalkulationen ausgeführt.

Für unser Beispiel wurden die legalen Standardkalkulationen für die Buchungskreise 1000 und 3000 sowie die Konzernkalkulation abgearbeitet, vorgemerkt und freigegeben.

Die Basis für die I/C-Verrechnung (Material 2000 von SP01 nach DE01) ist dabei der Einkaufsinfosatz, der aufgrund der Werte aus der Kalkulationsvariante PREC angelegt wurde.

In Abbildung 5.9, Abbildung 5.10 und Abbildung 5.11 sehen Sie die Ergebnisse der legalen Kalkulation (in SGD und EUR) sowie der Konzernkalkulation (in EUR) für das Material 2000 im Werk SP01, die mittels der Transaktion *CK13N* aufgerufen werden. Die unterschiedlichen Darstellungen werden durch die entsprechende Selektion (von *10*, *30* oder *31*) in der Zeile CURR./VALUATION erreicht. Da es sich um die unterste Stufe der Kalkulation handelt, ist der legale Wert in EUR identisch mit dem Ergebnis der Konzernkalkulation: 801,75 EUR.

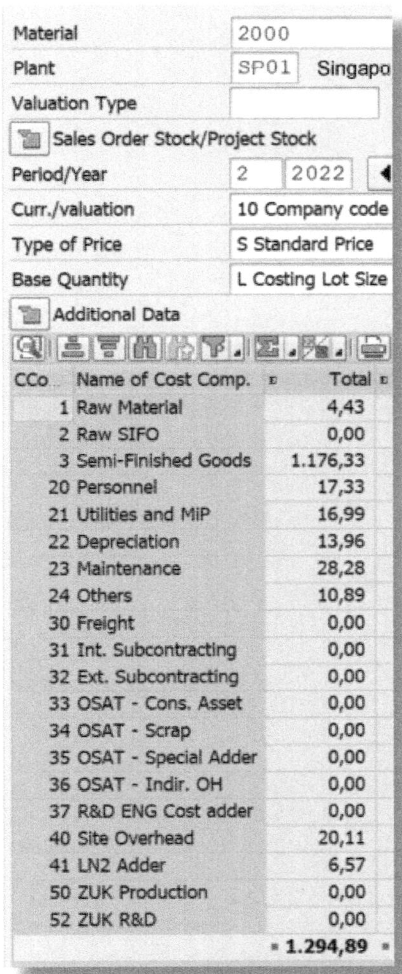

Material	2000
Plant	SP01 Singapo
Valuation Type	
Sales Order Stock/Project Stock	
Period/Year	2 2022
Curr./valuation	10 Company code
Type of Price	S Standard Price
Base Quantity	L Costing Lot Size
Additional Data	

CCo..	Name of Cost Comp.	Total
1	Raw Material	4,43
2	Raw SIFO	0,00
3	Semi-Finished Goods	1.176,33
20	Personnel	17,33
21	Utilities and MIP	16,99
22	Depreciation	13,96
23	Maintenance	28,28
24	Others	10,89
30	Freight	0,00
31	Int. Subcontracting	0,00
32	Ext. Subcontracting	0,00
33	OSAT - Cons. Asset	0,00
34	OSAT - Scrap	0,00
35	OSAT - Special Adder	0,00
36	OSAT - Indir. OH	0,00
37	R&D ENG Cost adder	0,00
40	Site Overhead	20,11
41	LN2 Adder	6,57
50	ZUK Production	0,00
52	ZUK R&D	0,00
		• 1.294,89 •

Abbildung 5.9: CK13N – S-Preise zu 2000/SP01, legale Sicht in Hauswährung

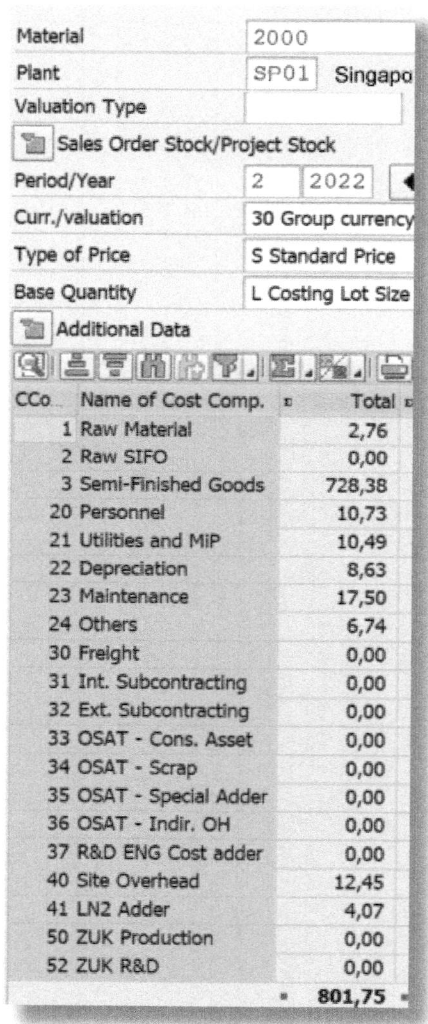

Material	2000
Plant	SP01 Singapo
Valuation Type	
Sales Order Stock/Project Stock	
Period/Year	2 2022
Curr./valuation	30 Group currency
Type of Price	S Standard Price
Base Quantity	L Costing Lot Size
Additional Data	

CCo	Name of Cost Comp.	Total
1	Raw Material	2,76
2	Raw SIFO	0,00
3	Semi-Finished Goods	728,38
20	Personnel	10,73
21	Utilities and MiP	10,49
22	Depreciation	8,63
23	Maintenance	17,50
24	Others	6,74
30	Freight	0,00
31	Int. Subcontracting	0,00
32	Ext. Subcontracting	0,00
33	OSAT - Cons. Asset	0,00
34	OSAT - Scrap	0,00
35	OSAT - Special Adder	0,00
36	OSAT - Indir. OH	0,00
37	R&D ENG Cost adder	0,00
40	Site Overhead	12,45
41	LN2 Adder	4,07
50	ZUK Production	0,00
52	ZUK R&D	0,00
		801,75

Abbildung 5.10: CK13N – S-Preise zu 2000/SP01, legale Sicht in Konzernwährung

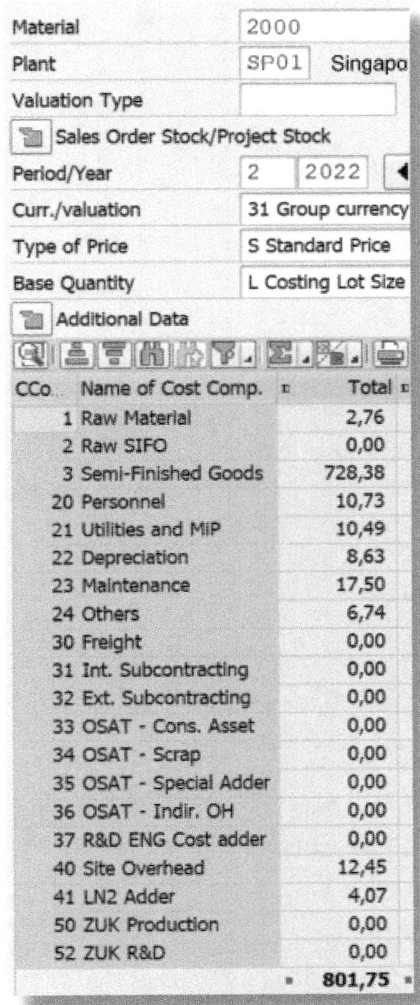

Material 2000
Plant SP01 Singapo
Valuation Type
Sales Order Stock/Project Stock
Period/Year 2 2022
Curr./valuation 31 Group currency
Type of Price S Standard Price
Base Quantity L Costing Lot Size
Additional Data

CCo..	Name of Cost Comp.	Total
1	Raw Material	2,76
2	Raw SIFO	0,00
3	Semi-Finished Goods	728,38
20	Personnel	10,73
21	Utilities and MiP	10,49
22	Depreciation	8,63
23	Maintenance	17,50
24	Others	6,74
30	Freight	0,00
31	Int. Subcontracting	0,00
32	Ext. Subcontracting	0,00
33	OSAT - Cons. Asset	0,00
34	OSAT - Scrap	0,00
35	OSAT - Special Adder	0,00
36	OSAT - Indir. OH	0,00
37	R&D ENG Cost adder	0,00
40	Site Overhead	12,45
41	LN2 Adder	4,07
50	ZUK Production	0,00
52	ZUK R&D	0,00
		801,75

Abbildung 5.11: CK13N – S-Preise zu 2000/SP01, Konzernsicht in Konzernwährung

Die legale Kalkulation zu MATERIAL 2000 für das Werk DE01 zieht den Wert 809,13 EUR aus dem Einkaufsinfosatz (siehe Abbildung 5.5), darüber hinaus werden noch 9,54 EUR via der Funktion »Bezugsnebenkosten/Planzuschlag« ermittelt. Dies ist in Abbildung 5.12 ersichtlich.

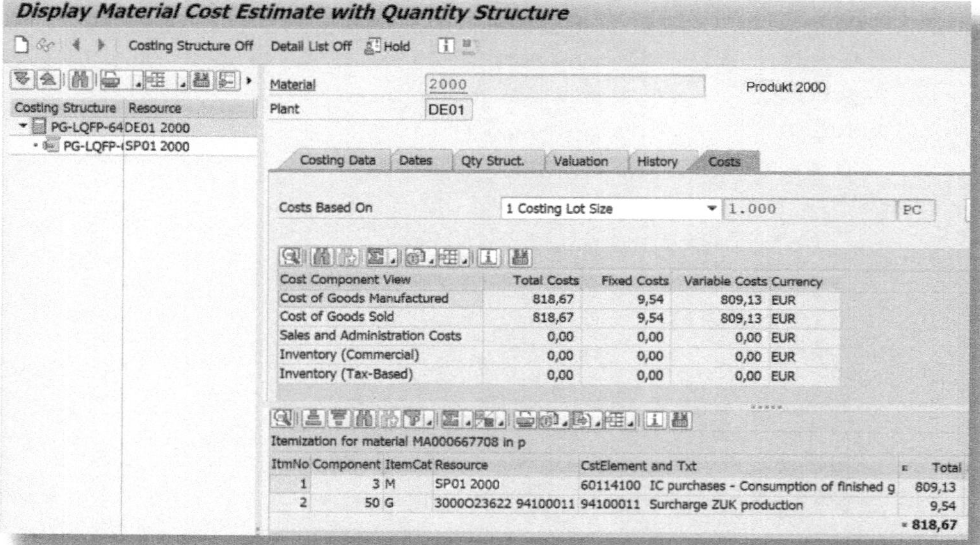

Abbildung 5.12: CK13N – legale Kalkulation 2000/DE01

Wenn man zur Einzelpostendarstellung, Zeile 1, die Detailinformationen wählt, werden die Einzelheiten zum Einkaufsinfosatz angezeigt (siehe Abbildung 5.13).

Im nächsten Schritt führen wir die Konzernkalkulation durch (siehe Abbildung 5.14). Dabei wird – aufgrund des Sonderbeschaffungsschlüssels 43 (siehe Abbildung 5.8) – nun der Konzernwert im liefernden Werk SP01 gezogen: 801,75 EUR (siehe Abbildung 5.11). Ebenso wird – wie in der legalen Kalkulation – der Zuschlag in Höhe von 9,54 EUR ermittelt.

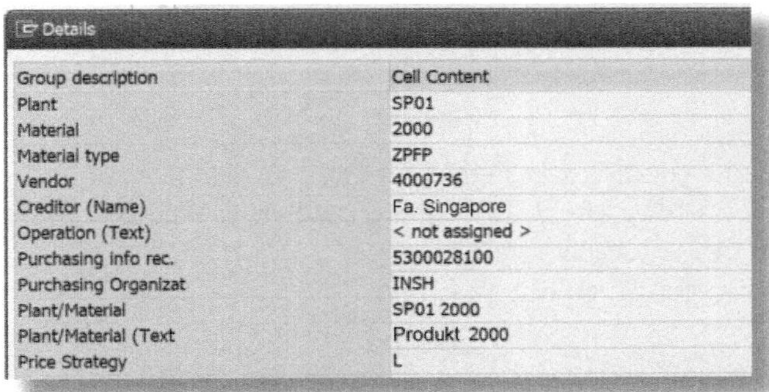

Group description	Cell Content
Plant	SP01
Material	2000
Material type	ZPFP
Vendor	4000736
Creditor (Name)	Fa. Singapore
Operation (Text)	< not assigned >
Purchasing info rec.	5300028100
Purchasing Organizat	INSH
Plant/Material	SP01 2000
Plant/Material (Text	Produkt 2000
Price Strategy	L

Abbildung 5.13: CK13N – legale Kalkulation 2000/DE01, Detailsicht

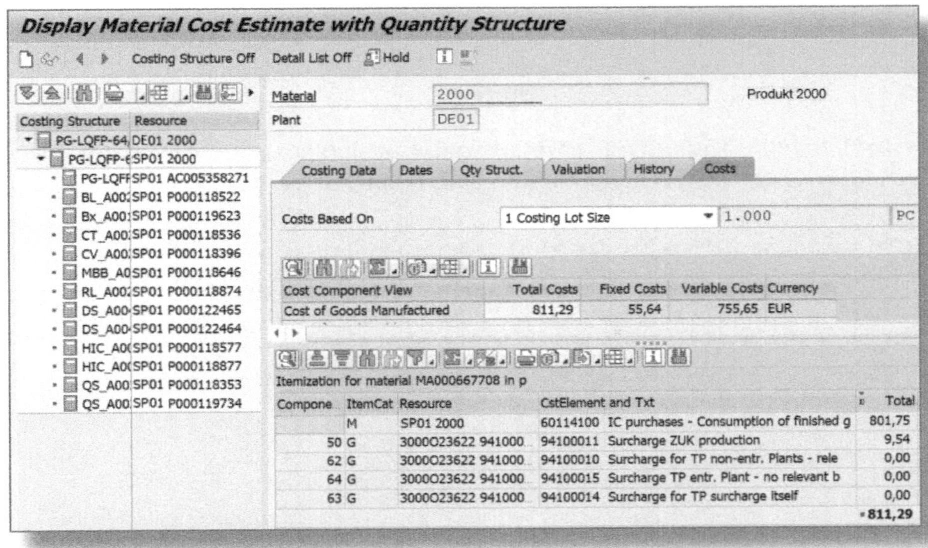

Abbildung 5.14: CK13N – Konzernkalkulation 2000/DE01

Zudem berechnet das System in der Konzernkalkulation das I/C-Mark-up der jeweiligen Schritte. In der Kalkulation des Empfängerwerks (DE01) ergibt sich das Mark-up des Senderwerks (SP01) aus der Differenz zwischen dem Wert aus dem Einkaufsinfosatz (809,13 EUR) sowie dem Wert im Werk SP01 (801,75 EUR) und beläuft sich somit auf 7,38 EUR.

Bei dieser Berechnung spielt die legale Kalkulation keine Rolle, sondern nur der Beschaffungspreis über den User-Exit COPCP001 oder entsprechend der Bewertungsvariante.

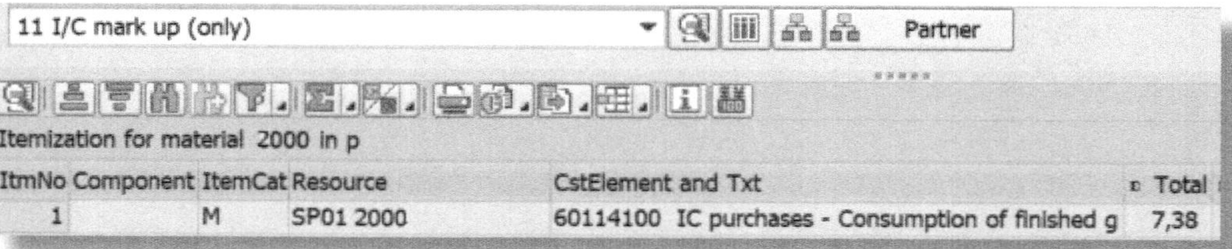
11 I/C mark up (only)

Partner

Itemization for material 2000 in p

ItmNo	Component	ItemCat	Resource	CstElement and Txt	Total
1		M	SP01 2000	60114100 IC purchases - Consumption of finished g	7,38

Abbildung 5.15: CK13N – Konzernkalkulation 2000/DE01, I/C-Mark-up

In Abbildung 5.15 wurde die Mark-up-Darstellung ausgewählt. Angezeigt wird der Wert mit der Materialverbrauchskostenart.

In Abbildung 5.16, Abbildung 5.17 und Abbildung 5.18 sehen Sie die Ergebnisse der legalen Kalkulation sowie der Konzernkalkulation (alle Darstellungen in EUR) für das MATERIAL 2000 im Werk DE01. Da dies nicht mehr die erste Stufe in der Kalkulation darstellt, sind die legalen Werte in Bewertung 10 und 30 identisch und um das Mark-up höher als der Konzernwert 31.

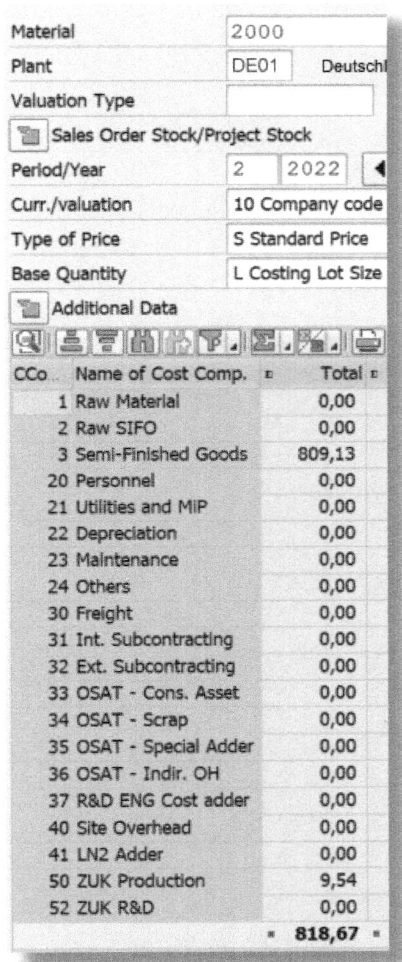

Material	2000
Plant	DE01 Deutschl
Valuation Type	
Sales Order Stock/Project Stock	
Period/Year	2 2022
Curr./valuation	10 Company code
Type of Price	S Standard Price
Base Quantity	L Costing Lot Size
Additional Data	

CCo..	Name of Cost Comp.	Total
1	Raw Material	0,00
2	Raw SIFO	0,00
3	Semi-Finished Goods	809,13
20	Personnel	0,00
21	Utilities and MIP	0,00
22	Depreciation	0,00
23	Maintenance	0,00
24	Others	0,00
30	Freight	0,00
31	Int. Subcontracting	0,00
32	Ext. Subcontracting	0,00
33	OSAT - Cons. Asset	0,00
34	OSAT - Scrap	0,00
35	OSAT - Special Adder	0,00
36	OSAT - Indir. OH	0,00
37	R&D ENG Cost adder	0,00
40	Site Overhead	0,00
41	LN2 Adder	0,00
50	ZUK Production	9,54
52	ZUK R&D	0,00
		818,67

Abbildung 5.16: CK13N – S-Preise zu 2000/DE01, legale Sicht in Hauswährung

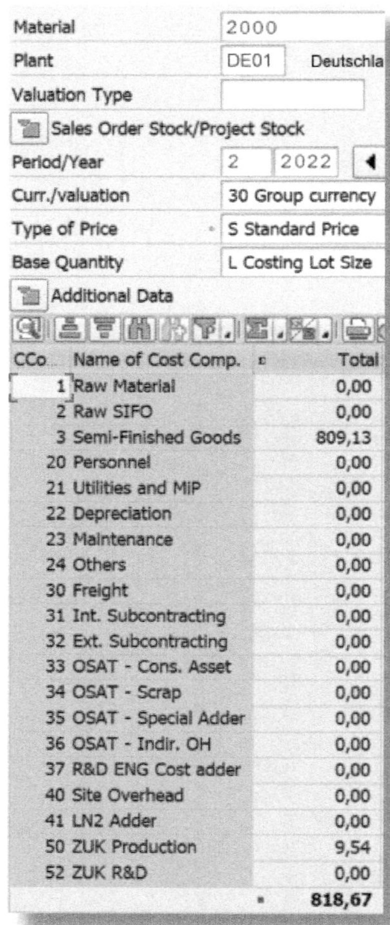

Material	2000
Plant	DE01 Deutschla
Valuation Type	
Sales Order Stock/Project Stock	
Period/Year	2 2022
Curr./valuation	30 Group currency
Type of Price	S Standard Price
Base Quantity	L Costing Lot Size
Additional Data	

CCo...	Name of Cost Comp.	Total
1	Raw Material	0,00
2	Raw SIFO	0,00
3	Semi-Finished Goods	809,13
20	Personnel	0,00
21	Utilities and MiP	0,00
22	Depreciation	0,00
23	Maintenance	0,00
24	Others	0,00
30	Freight	0,00
31	Int. Subcontracting	0,00
32	Ext. Subcontracting	0,00
33	OSAT - Cons. Asset	0,00
34	OSAT - Scrap	0,00
35	OSAT - Special Adder	0,00
36	OSAT - Indir. OH	0,00
37	R&D ENG Cost adder	0,00
40	Site Overhead	0,00
41	LN2 Adder	0,00
50	ZUK Production	9,54
52	ZUK R&D	0,00
		818,67

Abbildung 5.17: CK13N – S-Preise zu 2000/DE01, legale Sicht in Konzernwährung

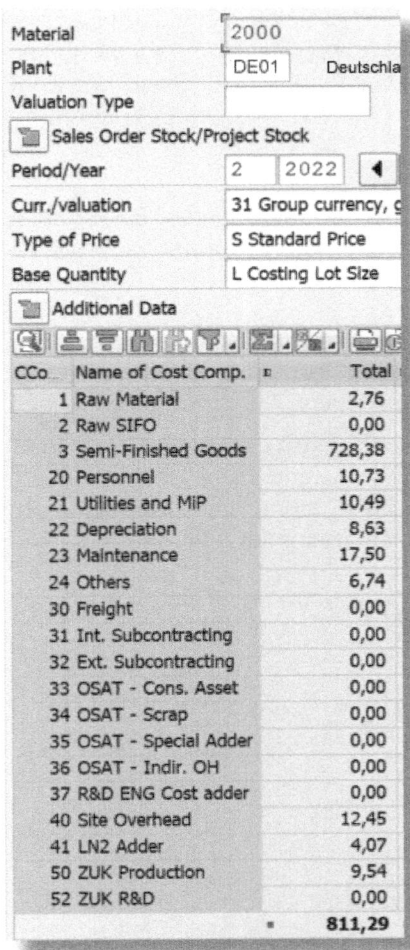

Material	2000
Plant	DE01 Deutschla
Valuation Type	
Sales Order Stock/Project Stock	
Period/Year	2 2022
Curr./valuation	31 Group currency, g
Type of Price	S Standard Price
Base Quantity	L Costing Lot Size
Additional Data	

CCo.	Name of Cost Comp.	Total
1	Raw Material	2,76
2	Raw SIFO	0,00
3	Semi-Finished Goods	728,38
20	Personnel	10,73
21	Utilities and MiP	10,49
22	Depreciation	8,63
23	Maintenance	17,50
24	Others	6,74
30	Freight	0,00
31	Int. Subcontracting	0,00
32	Ext. Subcontracting	0,00
33	OSAT - Cons. Asset	0,00
34	OSAT - Scrap	0,00
35	OSAT - Special Adder	0,00
36	OSAT - Indir. OH	0,00
37	R&D ENG Cost adder	0,00
40	Site Overhead	12,45
41	LN2 Adder	4,07
50	ZUK Production	9,54
52	ZUK R&D	0,00
		811,29

Abbildung 5.18: CK13N – S-Preise zu 2000/DE01, Konzernsicht in Konzernwährung

Überdies erkennen Sie an den Komponenten, dass Abbildung 5.16 und Abbildung 5.17 nur den Einkaufswarenwert (plus Zuschlag) darstellen. Bei der Konzernbewertung (siehe Abbildung 5.18) werden alle Komponenten im Detail aus der Vorstufe (siehe Abbildung 5.11) übernommen.

Mit diesen Schritten ist die Kalkulation abgeschlossen. Die S-Preise sind für die legalen und Konzernwerte im Materialstamm, Sicht »Buchhaltung 1«, hinterlegt.

Jedoch lohnt es sich auch, einen Blick auf *Partnerversionen* und *Partnerschichtung* zu werfen. Wenn Sie mit der Transaktion *CK13N* die Konzernkalkulation aufrufen und die Partnerversion der Kalkulationsvariante zugeordnet ist, finden Sie in der Mitte der rechten Hälfte den Button PARTNER (siehe Abbildung 5.19). Die Erklärung der Partnerfunktion und die Einstellungen, die für die Nutzung der entsprechenden Funktion erforderlich sind, finden sich in Abschnitt 3.3.

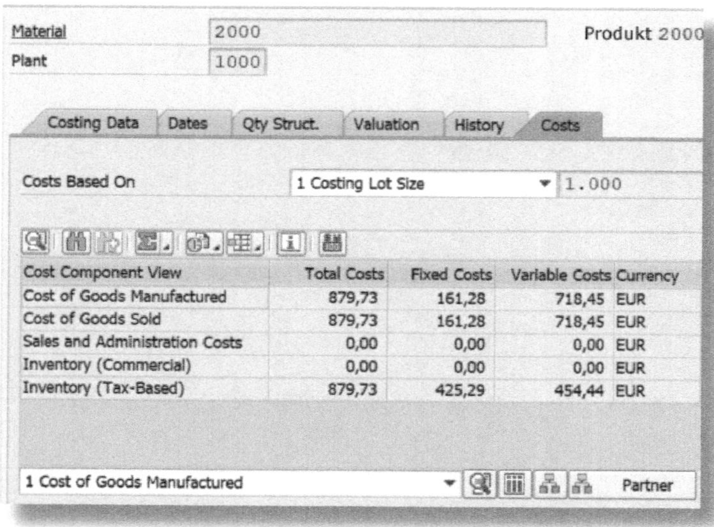

Abbildung 5.19: CK13N – Ausgangspunkt für die Partnerdarstellung

In der Zeile ganz unten stellen Sie die Schichtungssicht ein – in unserem Beispiel ist dies *1 – Cost of Goods Manufactured*. Wenn Sie nun auf den Button PARTNER rechts unten klicken, erscheint eine Darstellung wie in Abbildung 5.20.

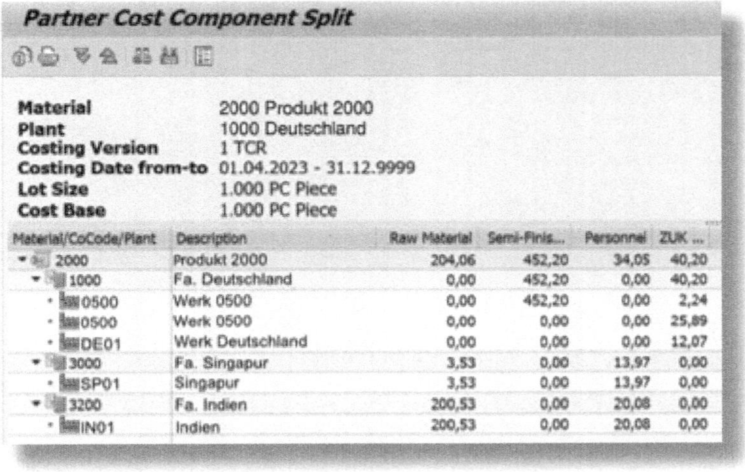

Partner Cost Component Split

Material	2000 Produkt 2000
Plant	1000 Deutschland
Costing Version	1 TCR
Costing Date from-to	01.04.2023 - 31.12.9999
Lot Size	1.000 PC Piece
Cost Base	1.000 PC Piece

Material/CoCode/Plant	Description	Raw Material	Semi-Finis...	Personnel	ZUK ...
2000	Produkt 2000	204,06	452,20	34,05	40,20
1000	Fa. Deutschland	0,00	452,20	0,00	40,20
0500	Werk 0500	0,00	452,20	0,00	2,24
0500	Werk 0500	0,00	0,00	0,00	25,89
DE01	Werk Deutschland	0,00	0,00	0,00	12,07
3000	Fa. Singapur	3,53	0,00	13,97	0,00
SP01	Singapur	3,53	0,00	13,97	0,00
3200	Fa. Indien	200,53	0,00	20,08	0,00
IN01	Indien	200,53	0,00	20,08	0,00

Abbildung 5.20: CK13N – Kostenschichtung je Partner

Sie sehen in den Spalten 1 und 2 einen kompletten Überblick über Buchungskreise und Werke, die das Material 2000 in der Planung durchläuft. In den folgenden Spalten ist der Anteil je Wertschöpfungsstelle ausgewiesen, heruntergebrochen anhand der Schichtung.

Dies gibt wertvolle Aufschlüsse. Wenn Sie beispielsweise die Energiekosten als eigenes Element in der Schichtung definiert haben, sehen Sie, wie hoch diese in welchem Schritt der Fertigung sind, und können daraus ableiten, wie sich Änderungen der Energiekosten je Region auf die gesamten (Konzernherstell-)Kosten auswirken.

Partner Cost Component Split

Material 2000 Produkt 2000
Plant 1000 Deutschland
Costing Version 1 TCR
Costing Date from-to 01.04.2023 - 31.12.9999
Lot Size 1.000 PC Piece
Cost Base 1.000 PC Piece

Material/CoCode/Plant	Description	I/C-mark up	Total value
2000	Produkt 2000	12,32	12,32
1000	Fa. Deutschland	26,42-	26,42-
0500	Werk 0500	0,00	0,00
0500	Werk 0500	26,42-	26,42-
DE01	Werk Deutschland	0,00	0,00
3000	Fa. Singapur	12,32	12,32
SP01	Singapur	12,32	12,32
3200	Fa. Indien	26,42	26,42
IN01	Indien	26,42	26,42

Abbildung 5.21: CK13N – I/C-Marge je Partner

Wenn Sie alternativ auf dem Screen von Abbildung 5.19 die Schichtungssicht in der letzten Zeile auf *I/C-Marge* stellen, erhalten Sie eine Darstellung der Marge je Einheit (siehe Abbildung 5.21).

In Abschnitt 5.7 gehe ich näher auf das Thema »Partner versus direkte Partner« ein.

5.4 Exkurs: Stock-in-Transit

Im Folgenden komme ich auf den Prozess **Sender-SiT mit POD und Empfänger-SiT** zu sprechen (siehe Abschnitt 4.1).

In der Materialpreisanalyse (siehe Abbildung 5.22) sehen wir den Warenausgang vom Senderwerk in den Sender-SiT.

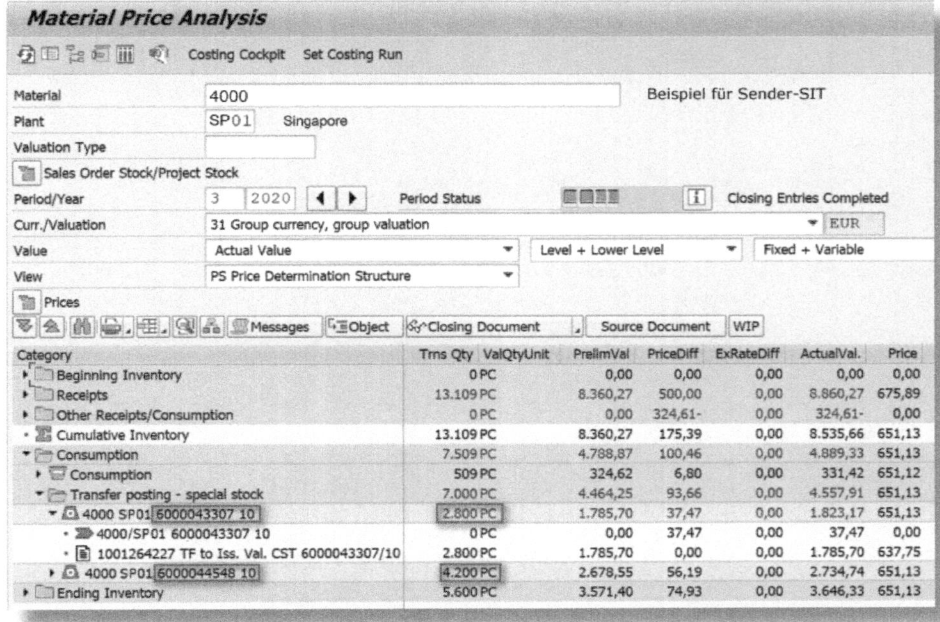

Abbildung 5.22: Materialpreisanalyse des Senderwerks

In der Zeile TRANSFER POSTING – SPECIAL STOCK finden wir zwei Umlagerungen:

- 2.800 Stück in den Sonderbestand 6000043307 10
- 4.200 Stück in den Sonderbestand 6000044548 10

Wenn wir in der Selektion der Transaktion *CKM3N*, wie in Abbildung 5.23 dargestellt, zur Materialpreisanalyse den Sonderbestand *6000043307/10/T* in der vierten Eingabezeile (SALES DOCUMENT) ergänzen oder in der Preisanalyse zum Material/Werk 4000/SP01 einen Doppelklick auf die Zeile mit dem Wert 4000/SP01 6000043307 10 durchführen, erscheint die Sicht auf den Sender-SiT-Bestand.

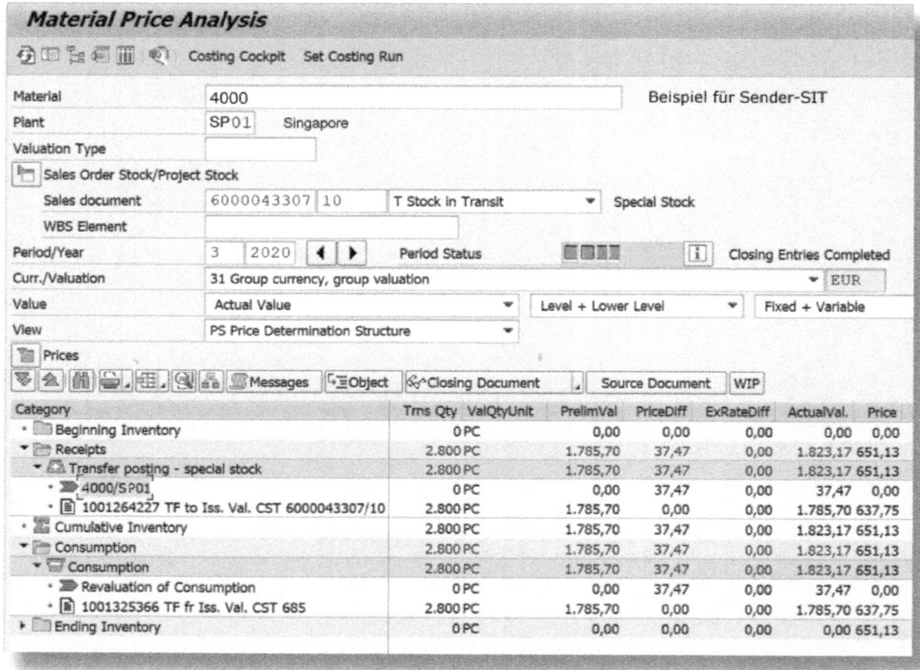

Abbildung 5.23: Materialpreisanalyse des Sender-SiT

☛ Bewerteter Sender-SiT-Bestand

Beim Sender-SiT wird das Material als »eigenständiger Sonderbestand«, bezogen auf Kundenauftrag und Position, geführt. Wie in Abbildung 5.23 erkennbar, kann man solche Sender-SiT-Bestände auch mittels der Materialpreisanalyse (Transaktion *CKM3N*) darstellen. Dafür sind neben Materialnummer und Werk auch der Kundenauftrag, die Position und der Sonderbestand (SPECIAL STOCK) *T Stock in Transit* zu selektieren. Dieser Sender-SiT-Bestand ist in die Bewertung komplett integriert, Sender-SiT-Bestände werden also auch am Monatsende mit den Ist-Kosten nachbelastet. Somit wird in dieser Darstellung auch der PVP des SiT-Bestands angezeigt.

Alle Warenausgänge aus dem Lager (gebucht mit der SiT-Bewegungsart 865 – bewerteter Sender-SiT-Bestand) werden hier zeitgleich als Warenzugänge beim SiT dargestellt. Somit ist dieser Bestand aus Sicht des ML wie ein »Kundeneinzel- oder Projektbestand« einzustufen:

- Der Bestand ist noch Eigentum des Versenders.
- Die Ware ist als Sonderbestand logistisch für andere Lieferungen nicht verfügbar.
- Im Falle eines Monatsabschlusses vor dem Warenausgang sind alle Daten und Werte, inklusive der Ist-Kosten-Nachbewertung (legale Bewertung und Konzernbewertung), auf dieser Ebene vorhanden.

Da jedoch in diesem Prozess das deutsche Werk als nicht buchhaltungsrelevant (keine Bewertung) festgelegt wurde, wird der Warenausgang aus dem SiT wie eine Verbrauchsbuchung behandelt (erkennbar an der Zeile REVALUATION OF CONSUMPTION in Abbildung 5.23).

Wenn wir nun von der Materialpreisanalyse auf den Ursprungsbeleg verzweigen, können wir die Bestellübersicht (PURCHASE ORDER HISTORY) zur Umlagerung betrachten.

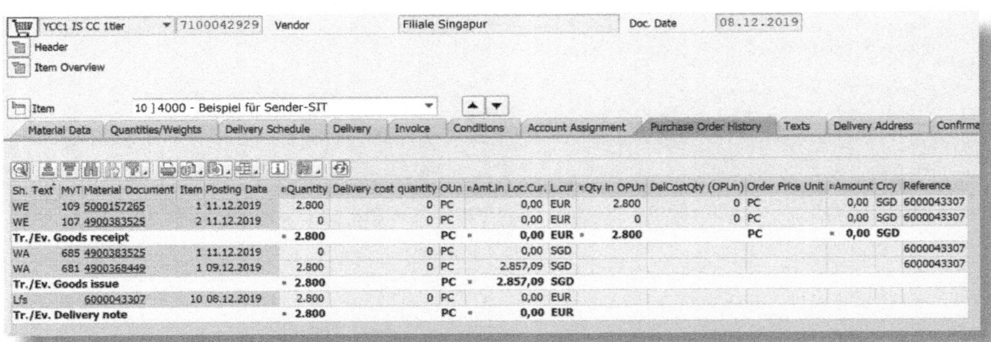

YCC1 IS CC 1tier 7100042929 Vendor Filiale Singapur Doc. Date 08.12.2019

Header

Item Overview

Item 10] 4000 - Beispiel für Sender-SIT

Material Data | Quantities/Weights | Delivery Schedule | Delivery | Invoice | Conditions | Account Assignment | Purchase Order History | Texts | Delivery Address | Confirma

Sh. Text	MvT	Material Document	Item	Posting Date	Quantity	Delivery cost quantity	OUn	Amt.in Loc.Cur.	L.cur	Qty in OPUn	DelCostQty (OPUn)	Order Price Unit	Amount	Crcy	Reference
WE	109	5000157265	1	11.12.2019	2.800	0	PC	0,00	EUR	2.800	0	PC	0,00	SGD	6000043307
WE	107	4900383525	2	11.12.2019	0	0	PC	0,00	EUR	0	0	PC	0,00	SGD	6000043307
Tr./Ev. Goods receipt					• **2.800**		**PC**	• **0,00**	**EUR**	• **2.800**		**PC**	• **0,00**	**SGD**	
WA	685	4900383525	1	11.12.2019	0	0	PC	0,00	SGD						6000043307
WA	681	4900368449	1	09.12.2019	2.800	0	PC	2.857,09	SGD						6000043307
Tr./Ev. Goods issue					• **2.800**		**PC**	• **2.857,09**	**SGD**						
Lfs		6000043307	10	08.12.2019	2.800	0	PC	0,00	EUR						
Tr./Ev. Delivery note					• **2.800**		**PC**	• **0,00**	**EUR**						

Abbildung 5.24: Bestellübersicht zur Umlagerung

Wie in Abbildung 5.24 zu sehen ist, werden alle Bewegungen in beiden Werken und den SiT betreffend hier dokumentiert:

- Den Warenausgang am 09.12.2019 aus dem verfügbaren Bestand in den Sender-SiT mit der Bewegungsart (MvT) 681 ist im Materialdokument 4900368449 (siehe Abbildung 5.26) abgebildet.
- Mit dem POD wurden am 11.12.2019 die Bewegungsarten 685 (Warenausgang aus Sender-SiT) und 107 (Wareneingang Empfänger-SiT), Materialbelegnummer 4900383525 (siehe Abbildung 5.27) ausgelöst.
- Schließlich wird – auch am 11.12.2019 – der Bestand mit der Bewegungsart 109 durch die Transaktion *MIGO* im Empfängerwerk vom SiT-Bestand in den verfügbaren Bestand umgebucht. Diese Bewegung erfolgt mit dem Materialbeleg 5000157265.

Display Material Ledger Document 1001264227: Overview

Material Price Analysis Accounting Documents... Source Document

Material Ledger Update

Document Number 1001264227
User FONGK
Period 003.2020
Currency/Valuation Group currency, group valuation EUR

Item	Material	Material description	Plant	S	Sales document	Item	ChgTotInv.	Unit	Value Chg.	Crcy	It
1	4000	Beispiel für Sender-STI	SP01				2.800-	PC	1.785,70-	EUR	UP
2	4000	Beispiel für Sender-STI	SP01	T	6000043307	10	2.800	PC	1.785,70	EUR	UP

Abbildung 5.25: ML-Beleg zu den Materialbewegungen Zugang SiT

Abbildung 5.25 stellt beispielhaft einen ML-Beleg zu diesem Prozess dar. Wie Sie sehen, sind dort zwei Bewegungen mitgeschrieben worden:

- In der ersten Zeile sieht man (negativer Betrag) den Ausgang aus dem Lager.
- In der zweiten Zeile – mit dem Sonderbestandsschlüssel T und dem Vertriebsbeleg 6000043307 10 sowie positivem Wert – ist der Eingang im Sender-SiT dokumentiert.

Diese Verknüpfung der beiden Bewegungen in einem Beleg schafft die Voraussetzungen dafür, dass die Ist-Kosten-Nachverrechnung für die Konzernbewertung die Preis- und Kursdifferenzen buchungskreisübergreifend weiterverrechnen kann. Ebenso wird auf diese Weise möglich, dass man in der Materialpreisanalyse von Material/Werk 4000/SP01 via Doppelklick direkt auf dieses Material im Sender-SiT verzweigen kann.

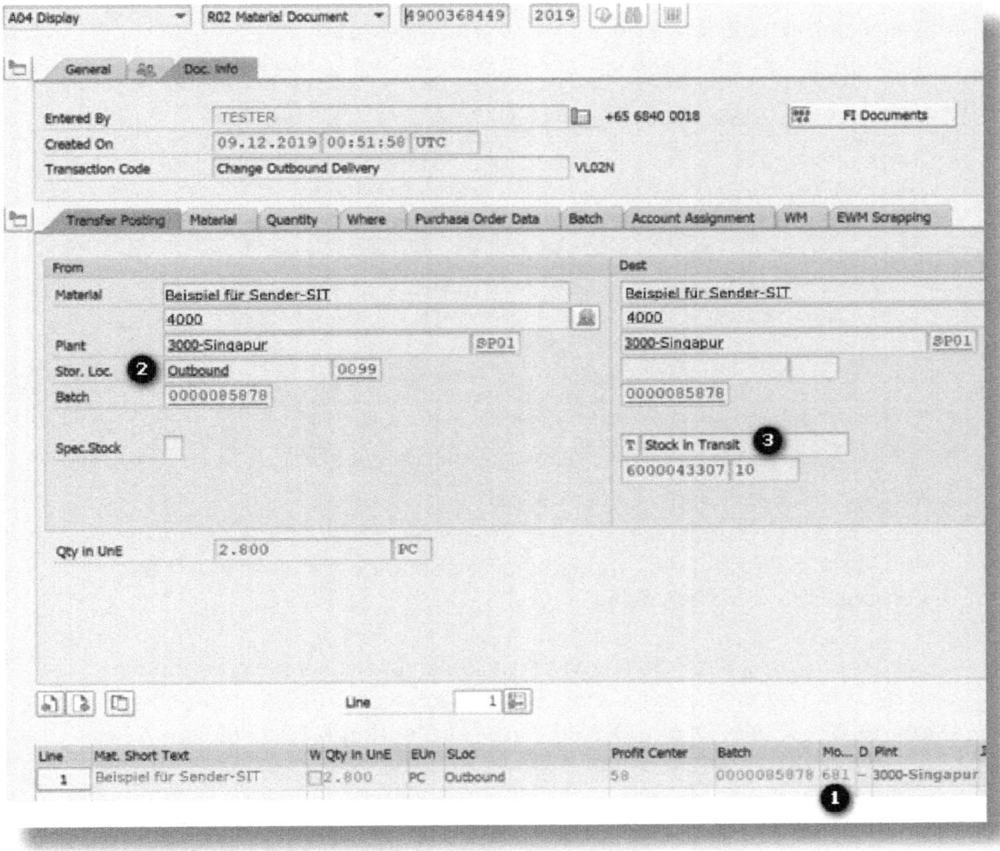

Abbildung 5.26: Umlagerung in Sender-SiT

Im Beleg der Abbildung 5.26 sehen Sie das Materialdokument 4900368449, mit dem die Umlagerung vom Werk des Senders in den Sender-SiT gebucht wird.

Der Beleg dokumentiert die Bewegungsart (Mo...) 681 ❶ sowie die Umbuchung des Materials aus dem Lagerort (Stor. Loc.) Outbound ❷ in die Destination (Dest) T – Stock in Transit ❸.

Der Materialbeleg löst einen FI-Beleg aus, obwohl es sich um eine Umlagerung innerhalb desselben Werks bzw. Buchungskreises handelt.

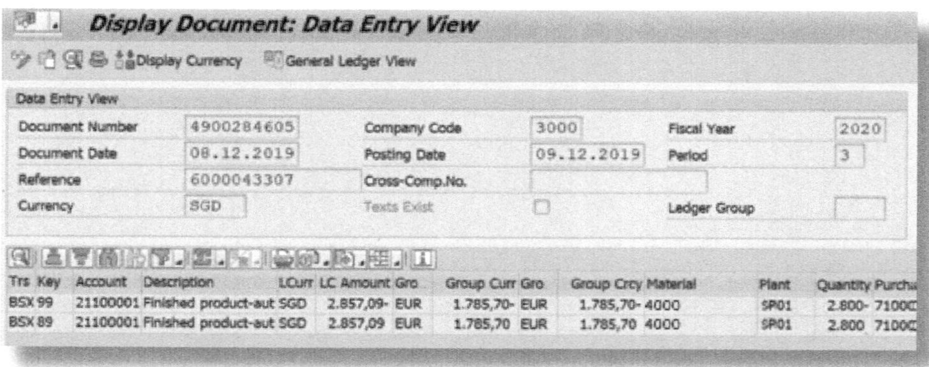

Abbildung 5.27: FI-Beleg zu Sender-SiT

Abbildung 5.27 zeigt die Umbuchung von Bestand an Bestand mit dem Vorgang BSX in beiden Zeilen.

Bei der Buchung des POD werden zwei Zeilen in zwei Werken gebucht – in diesem Fall also auch in zwei Buchungskreisen. Dementsprechend entsteht hier wieder ein ML-Beleg, der die Verbindung zwischen den beiden Bewegungen abbildet.

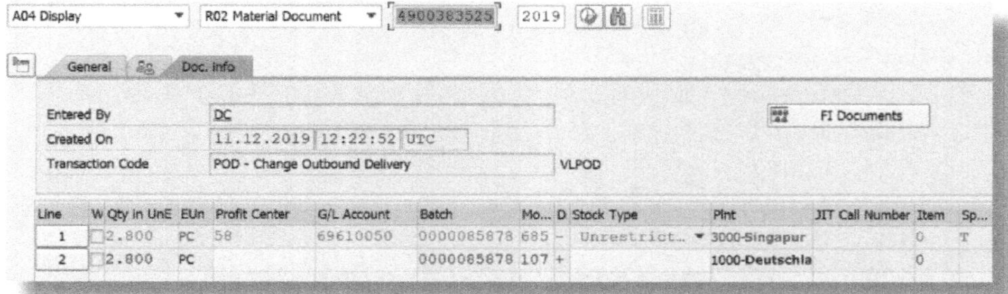

Line	W	Qty in UnE	EUn	Profit Center	G/L Account	Batch	Mo...	D	Stock Type	Plnt	JIT Call Number	Item	Sp...
1		2.800	PC	58	69610050	0000085878	685	-	Unrestrict...	3000-Singapur		0	T
2		2.800	PC			0000085878	107	+		1000-Deutschla		0	

Abbildung 5.28: Umlagerung von Sender-SiT in Empfänger-SiT

In dem Materialbeleg 4900383525 (siehe Abbildung 5.28) erkennen Sie die Umlagerung von Werk (PLNT) 3000-SINGAPUR in das Werk 1000-DEUTSCHLAND. Somit bildet dieser Beleg Warenbewegungen in beiden Werken ab.

Da das deutsche Werk hier nicht buchhaltungsrelevant ist, wird nur im Senderbuchungskreis ein FI-Beleg erzeugt.

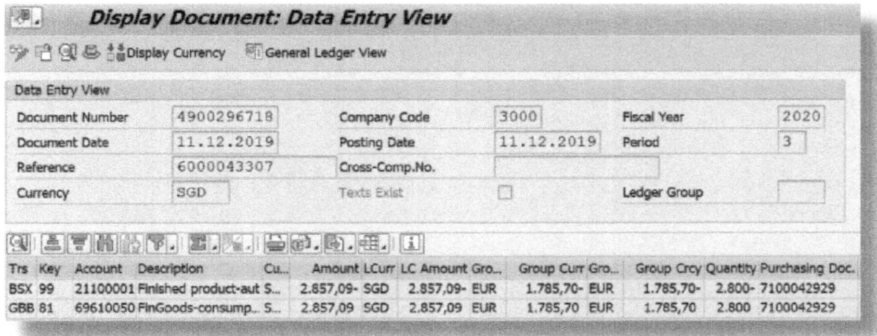

Trs	Key	Account	Description	Cu...	Amount	LCurr	LC Amount Gro...		Group Curr Gro...		Group Crcy	Quantity	Purchasing Doc.
BSX	99	21100001	Finished product-aut	S...	2.857,09-	SGD	2.857,09-	EUR	1.785,70-	EUR	1.785,70-	2.800-	7100042929
GBB	81	69610050	FinGoods-consump...	S...	2.857,09	SGD	2.857,09	EUR	1.785,70	EUR	1.785,70	2.800	7100042929

Abbildung 5.29: FI-Beleg Abgang SiT

Abbildung 5.29 zeigt den FI-Beleg zum Warenausgang, gebucht am 11.12.2019 im Buchungskreis 3000. Das Bestandskonto wird entlastet (Vorgang BSX), das Aufwandkonto belastet (Vorgang GBB).

Vorgänge

Die einschlägigen Vorgänge werden in der MM-Kontenfindung verwendet, die mit der Transaktion *OBYC* zu pflegen ist. Dabei werden jedem Vorgang (wie BSX – Bestandsveränderung oder GBB – Verbrauchsbuchung) und weiteren Merkmalen (wie beispielsweise Bewertungsklassen) Hauptbuchkonten zugeordnet. In den FI-Belegen können Sie sich diese Vorgänge anzeigen lassen. Die Darstellung der Vorgänge in den FI-Belegen hilft dabei, die vorgelagerten MM-Prozesse besser zu verstehen.

Schließlich wird, wie in Abbildung 5.30 zu sehen, im letzten Schritt die Ware vom Empfänger-SiT (Sonderbestand T) mit dem Materialbeleg 5000157265 per Bewegungsart 109 in das verfügbare Lager umgebucht.

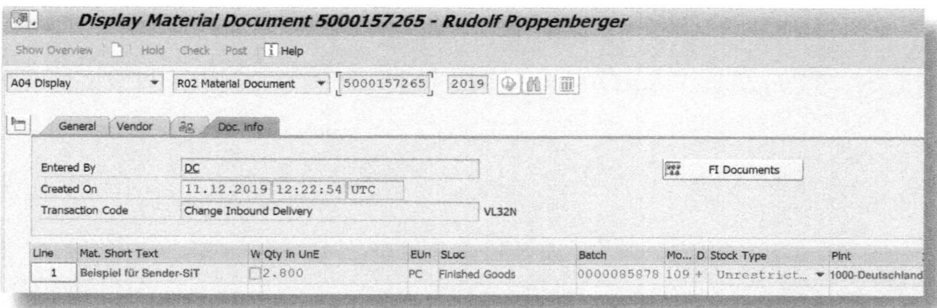

Abbildung 5.30: Abgang Empfänger-SiT

Beim ersten Prozess (**Sender-SiT,** siehe Abbildung 4.1) sind die Belege entsprechend ähnlich:

- Der Warenausgang in den Sender-SiT erfolgt mit Bewegungsart 681.

- Der Warenausgang aus dem Sender-SiT mit Bewegungsart 685 und der Wareneingang im Lager des Empfängers mit der üblichen Bewegungsart 101 erfolgen dann mittels der Transaktion *VLPOD*.

Sinngemäß gibt es die gleichen Warenbewegungen (mit anderen Bewegungsarten) und Buchungen bei buchungskreisinternen Umlagerungen oder bei Einkauf ab Werk (Empfänger-SiT) bzw. Verkauf frei Haus (Sender-SiT).

Die Verwendung der SiT-Funktionen geht somit weit über die buchungskreisübergreifende Ist-Kosten-Nachverrechnung bei der Konzernbewertung hinaus. Der Einsatz von SiT sollte somit auch unabhängig von dieser untersucht und bewertet werden.

Den Prozess Empfänger-SiT lernen Sie in Abschnitt 5.5 kennen; Stock-in-Transit habe ich in Kapitel 4 im Detail erläutert.

5.5 Ist-Buchungen

In diesem Abschnitt erfahren Sie, wie Warenlieferung und Rechnung für 1.900 Stück des Materials 2000 zwischen den Buchungskreisen 3000/Singapur und 1000/Deutschland in SAP abgebildet werden.

Die Warenbewegung erfolgt mittels einer Stock Transport Order (STO) und verwendet dabei die Bewegungsarten von SiT (siehe dazu Abschnitt 4.1).

In Abbildung 5.31 sehen Sie die STO samt Bestellentwicklung.

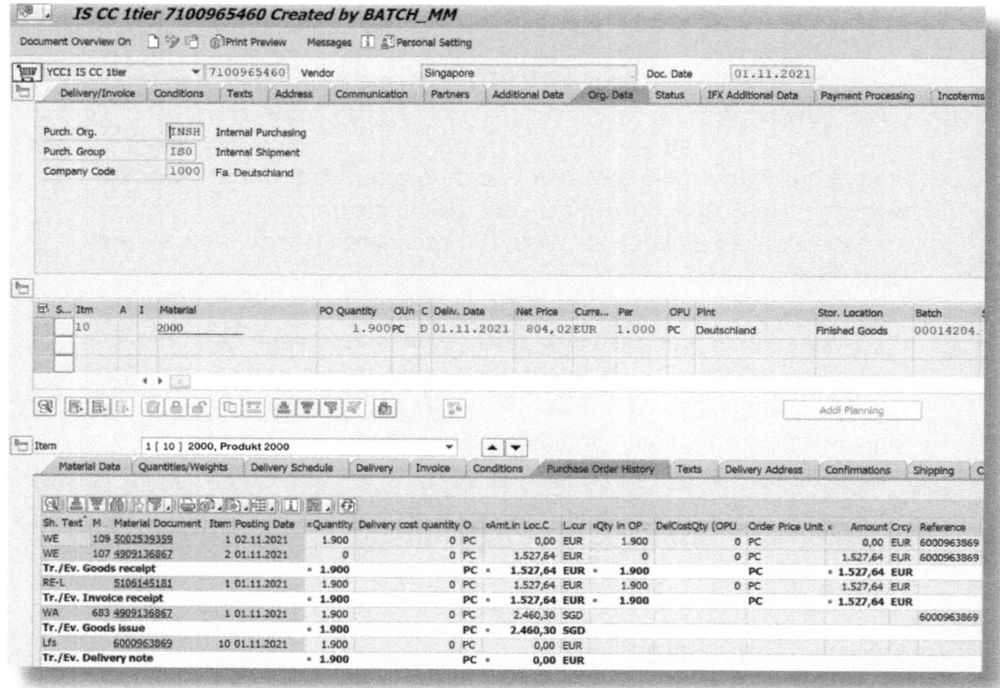

Abbildung 5.31: STO mit Bestellentwicklung

In der Bestellentwicklung (PURCHASE ORDER HISTORY) ist der Warenausgang (WA), der aus dem Werk SP01 kommt und geht, in den Empfänger-Stock-in-Transit (Empfänger-SiT) des Werks DE01 mit der Bewegungsart 683 und dem Datum 01.11.2021 dargestellt (drittletzte Zeile).

Parallel wird in der entsprechenden Zeile der Wareneingang (WE) in den Empfänger SiT des Werks DE01 mit der Bewegungsart 107 angezeigt.

In der ersten Zeile zum WE – mit der Bewegungsart 109 – erscheint der Warenzugang in das Lager des deutschen Werks am folgenden

Tag (in unserem Beispiel ist das Geschäftsjahr ungleich dem Kalenderjahr eingestellt, der November entspricht der Periode 2).

Abbildung 5.32 zeigt die Details zum Warenausgang aus SP01 und zum Wareneingang/SiT in DE01.

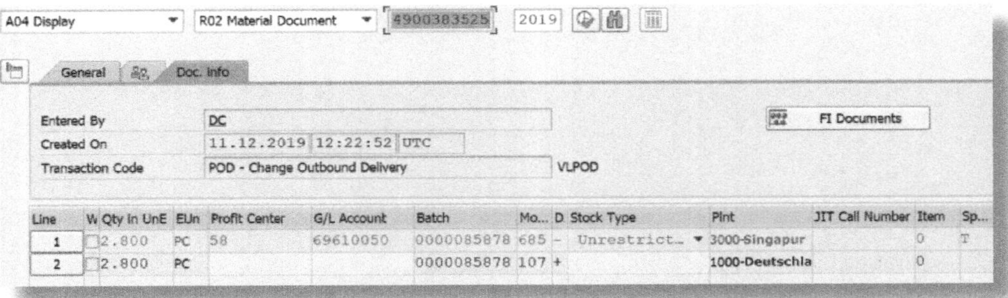

Abbildung 5.32: Warenausgangs- und Wareneingangsbeleg SP01/SiT DE01

Sie sehen, dass hier in einem einzigen Beleg beide Warenbewegungen der Werke 3000-SINGAPUR und 1000-DEUTSCHLAND vorhanden sind. Die erste Zeile zeigt den Warenausgang mit der Bewegungsart 685 und die zweite Zeile den Wareneingang im Empfänger-SiT. Die Verknüpfung dieser Vorgänge ist die Basis für die buchungskreisübergreifende Ist-Kosten-Nachverrechnung bei der Konzernbewertung: Sie stellt sicher, dass das ML »versteht und weiß«, dass die Abweichungen für diese 1.900 Stück von SP01 an DE01 weiterverrechnet werden. Daher funktioniert die Konzernbewertung im Ist nur bei Verwendung der SiT-Bewegungsarten.

In der folgenden Darstellung (siehe Abbildung 5.33) wird der Wareneingang (gebucht mit der SiT-Bewegungsart – MOVEMENT TYPE – 109) im deutschen Werk gezeigt. Dieses Dokument erzeugt keine Finanzbuchung, da es sich um eine nicht bewertungsrelevante Buchung handelt.

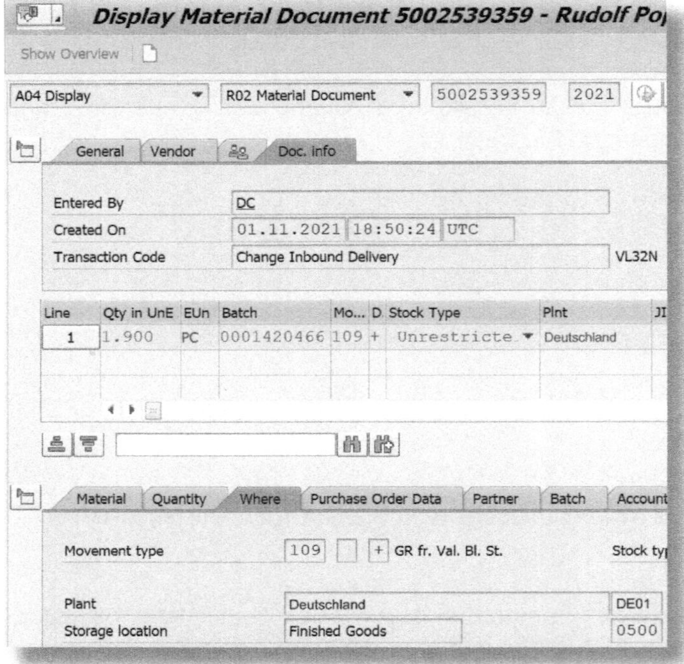

Abbildung 5.33: Wareneingangsbeleg DE01

Im Folgenden wollen wir uns die Werte zu diesen Buchungen ansehen. In der STO finden Sie einen Verkaufspreis, der mit 804,02 EUR pro 1.000 Stück vom Einkaufsinfosatz abweicht (siehe Abbildung 5.34).

Dieser I/C-Preis wird natürlich auch bei der Rechnung gezogen. Dazu kommen wir etwas später. Zunächst wollen wir uns die Buchhaltungsbelege zu den Warenbewegungen ansehen. Wie schon erwähnt, gibt es nur einen einzigen Beleg zum Warenausgang in SP01 und Wareneingang/SiT in DE01. Es handelt sich um einen buchungskreisübergreifenden Buchhaltungsbeleg (siehe Abbildung 5.35).

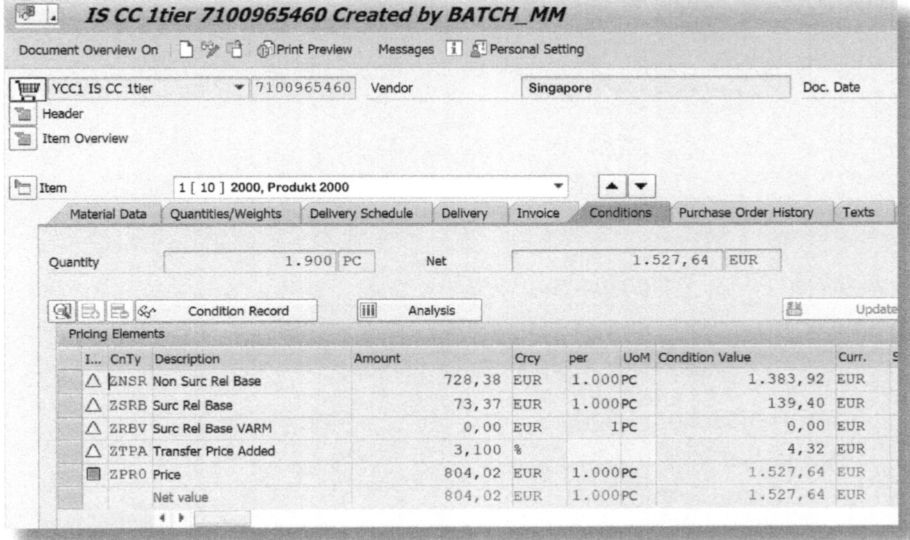

Abbildung 5.34: Konditionen in der STO

Documents in Accounting

Document	Object type text	CoCode
4900044533	Accounting document	1000
4900698343	Accounting document	3000

Abbildung 5.35: Verknüpfte FI-Belege

Im FI-Beleg zum Buchungskreis 3000, den Sie auch mit der Transaktion *FB03* aufrufen können, finden Sie die Warenausgangsbuchung mit den üblichen Vorgängen BSX und GBB. Wie aus Abbildung 5.36 ersichtlich, wurden hierbei folgende Werte ermittelt und gebucht:

- Vorgang BSX: Konzern-S-Preis (siehe Abschnitt 5.3) mal Menge: 801,75 EUR × 1.900 = 1.523,33 EUR (1.294,89 SGD × 1.900 = 2.460,30 SGD)

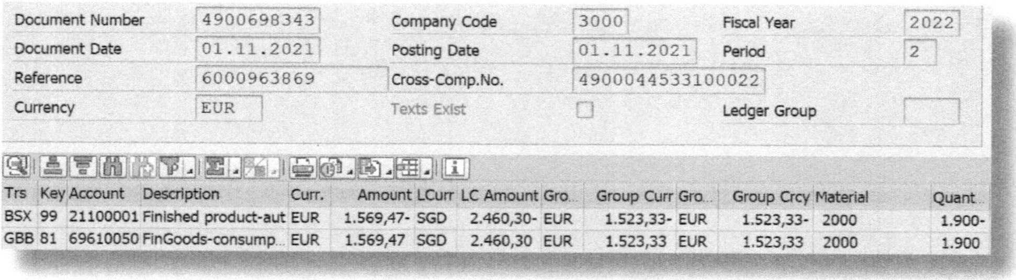

Document Number	4900698343	Company Code	3000	Fiscal Year	2022
Document Date	01.11.2021	Posting Date	01.11.2021	Period	2
Reference	6000963869	Cross-Comp.No.	4900044533100022		
Currency	EUR	Texts Exist	☐	Ledger Group	

Trs	Key	Account	Description	Curr.	Amount	LCurr	LC Amount	Gro...	Group Curr	Gro...	Group Crcy	Material	Quant...
BSX	99	21100001	Finished product-aut	EUR	1.569,47-	SGD	2.460,30-	EUR	1.523,33-	EUR	1.523,33-	2000	1.900-
GBB	81	69610050	FinGoods-consump...	EUR	1.569,47	SGD	2.460,30	EUR	1.523,33	EUR	1.523,33	2000	1.900

Abbildung 5.36: Warenausgang SP01

In diesem wie auch in den anderen FI-Belegen sind die folgenden vier Werte in nachstehender Reihenfolge angezeigt:

- Transaktionswährung – Amount (Currency Type: 00)
- legale Bewertung/Hauswährung – LC Amount Group (Currency Type: 10)
- legale Bewertung/Konzernwährung – Group Currency (Currency Type: 30)
- Konzernbewertung/Konzernwährung) – Group CrCy (Currency Type: 31)

Im Beleg zum Buchungskreis 1000 wird die Wareneingangsbuchung angezeigt. Wie aus Abbildung 5.37 ersichtlich, wurden hierbei folgende Werte ermittelt und gebucht:

- Vorgang BSX – S-Preis des Empfängers (Material 2000 in Werk DE01, siehe Abschnitt 5.3) mal Menge:
  - für legal: 818,67 EUR × 1.900 = 1.555,47 EUR
  - für Konzern: 811,29 EUR × 1.900 = 1.541,45 EUR
- Vorgang WRX – Rechnungspreis (STO) (siehe Abbildung 5.34) mal Menge:
  - für legal: 804,02 EUR × 1.900 = 1.527,64 EUR
  - für Konzern: BSX-Wert des Senders = 1.523,33 EUR
- Vorgang PRD: Differenz BSX versus WRX:
  - für legal: 1.555,47 EUR − 1.527,64 EUR = −27,83 EUR
  - für Konzern: 1.541,45 EUR − 1.523,33 EUR = −18,12 EUR

Document Number	4900044533	Company Code	1000	Fiscal Year	2022
Document Date	01.11.2021	Posting Date	01.11.2021	Period	2
Reference	6000963869	Cross-Comp.No.	4900044533100022		
Currency	EUR	Texts Exist	☐	Ledger Group	

Trs	Key	Account	Description	Curr.	Amount	LCurr	LC Amount	Gro...	Group Curr	Gro...	Group Crcy	Material	Quanti...
BSX	89	21400001	IC finish goods-aut	EUR	1.555,47	EUR	1.555,47	EUR	1.555,47	EUR	1.541,45	2000	1.900
WRX	96	45700001	Outst. tradeAP af...	EUR	1.527,64-	EUR	1.527,64-	EUR	1.527,64-	EUR	1.523,33-	2000	1.900-
PRD	96	60114200	IC Pur - PVarFinish	EUR	27,83-	EUR	27,83-	EUR	27,83-	EUR	18,12-	2000	1.900-

Abbildung 5.37: Wareneingang SiT DE01

Im nächsten Schritt betrachten wir die Rechnungen. Die STO mit der Bezeichnung PURCHASE ORDER 7100965460 ist in den Datenfluss der Rechnungen (siehe Abbildung 5.38) im Buchungskreis 3000 integriert. Ebenso ist hier die Ausgangsrechnung 8300684891 verzeichnet. Die Eingangsrechnung im Buchungskreis 1000 wird mittels eines IDoc erzeugt. Dies ist relevant, um die Konzernkonditionen übernehmen zu können.

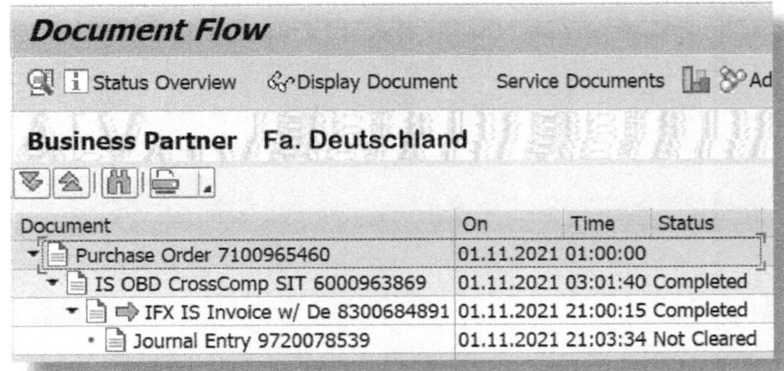

Abbildung 5.38: Belegfluss im SD des Buchungskreises 3000

In der Ausgangsrechnung (siehe Abbildung 5.39) finden Sie im Reiter CONDITIONS relevante Preiskonditionen:

- ZPR0: Hiermit wird die Warenrechnung für die legale Bewertung erstellt. Der Wert wird aus der STO gezogen. Der Nettobetrag in Höhe von 1.527,64 EUR ergibt sich aus Preis/1.000 Stück (804,02 EUR) mal Menge (QUANTITY 1.900 PC).

- KW00: Mit dieser (SAP-Standard-)SD-Kondition wird der Konzernwert aus dem Materialstamm (aktuell gültige freigegebene Konzernkalkulation) gezogen. Sie muss in das Preisschema aufgenommen werden und stellt sicher, dass für die Konzernbewertung der korrekte Betrag in den Rechnungen gebucht wird. Diese Werte sind dann auch die Basis für die Ermittlung der Konzernmarge bzw. des Mark-ups.

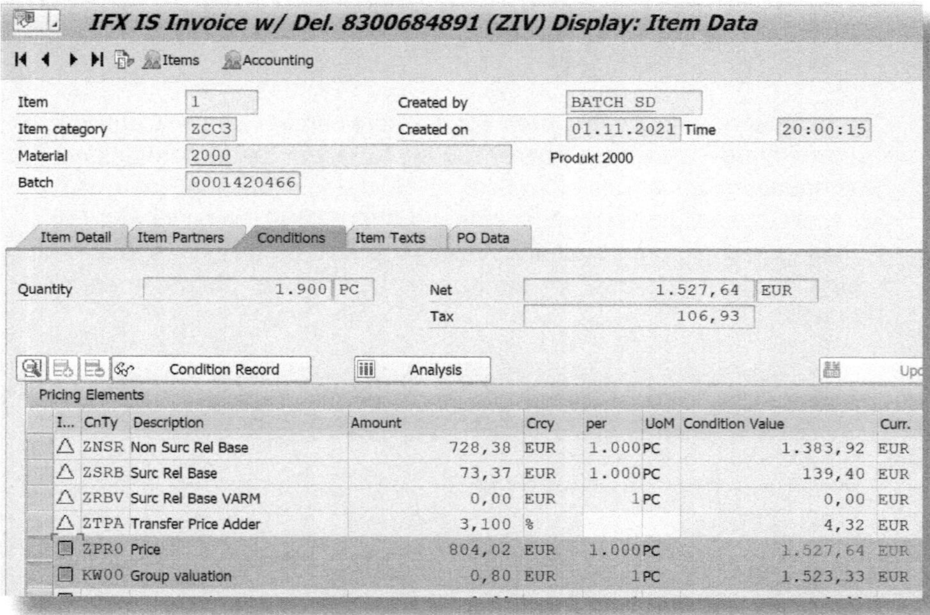

Abbildung 5.39: Konditionen in der Ausgangsrechnung im Buchungskreis 3000

Im FI-Beleg zur Ausgangsrechnung in Abbildung 5.40 (letzte Zeile) finden Sie nun einen neuen Vorgang: TCV.

Sein Ergebnis, −4,31 EUR, das nur in der Spalte Konzernbewertung (Group Crcy) einen Eintrag hat, ergibt sich aus der Differenz zwischen

- dem Rechnungspreis 1.527,64 EUR (siehe auch WRX-Wert in Abbildung 5.37), in diesem Fall: Summe aus erster und vierter Zeile (1.634,57 EUR und −106,93 EUR), und

- dem Konzernwert (BSX-Wert/S-Preis × Menge): 1.523,33 EUR.

Dieser Wert ist der Konzernerlös (Ist-Mark-up) für diese Warenbewegung.

Document Number	9720078539	Company Code	3000	Fiscal Year	2022
Document Date	01.11.2021	Posting Date	01.11.2021	Period	2
Reference	8300684891	Cross-Comp.No.			
Currency	EUR	Texts Exist		Ledger Group	

Trs	Key	Account	Curr.	Amount	LCurr	LC Amount	Gro...	Group Curr	Gro...	Group Crcy	Material	Plant	Quantity	Pur. Doc.
	01	1000	EUR	1.634,57	SGD	2.562,35	EUR	1.634,57	EUR	1.634,57				
	50	50411002	EUR	1.527,64-	SGD	2.394,73-	EUR	1.527,64-	EUR	0,00	2000	SP01	1.900-	7100965460
	50	50411002	EUR	0,00	SGD	0,00	EUR	0,00	EUR	1.523,33-	2000	SP01		7100965460
MWS	50	47230000	EUR	106,93-	SGD	167,62-	EUR	106,93-	EUR	106,93-				
TCV	50	69101009	EUR	0,00	SGD	0,00	EUR	0,00	EUR	4,31-				

Abbildung 5.40: Rechnungsausgang in 3000/SP01

Um die Eingangsrechnung im Buchungskreis 1000 zu erzeugen, ist ein IDoc anzustoßen. Dies erfolgt in der Faktura und anschließend in der *WE02* (siehe Abbildung 5.41 und Abbildung 5.42).

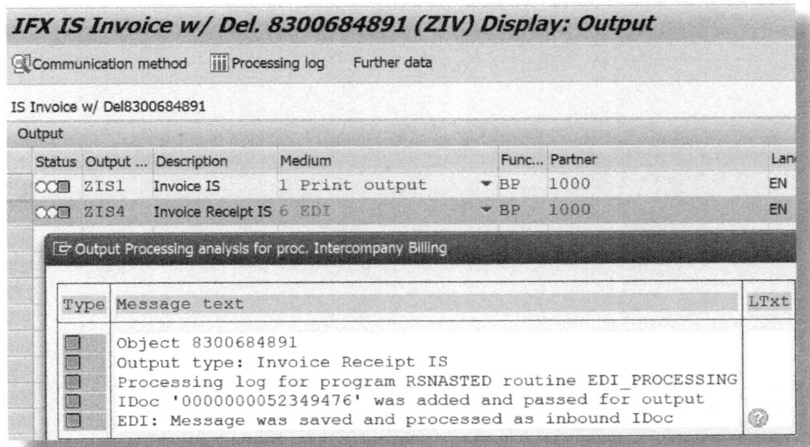

Abbildung 5.41: IDoc für Eingangsrechnung Buchungskreis 1000 – Schritt 1

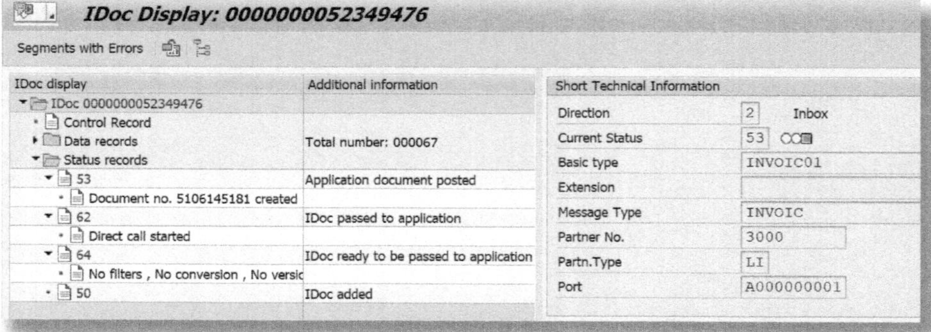

Abbildung 5.42: IDoc für Eingangsrechnung Buchungskreis 1000 – Schritt 2

Wenn Sie nun einen Blick auf die Eingangsrechnung im Buchungskreis 1000 werfen (siehe Abbildung 5.43), finden Sie dort wieder die üblichen Vorgänge plus den Vorgang TCV. Auch hier gilt:

- TCV hat nur einen Wert in der Spalte GROUP CRCY.
- Der Betrag ist die Differenz zwischen Rechnungsbetrag (BSX-Wert aus Wareneingang) und dem Konzernwert, der vom Senderwerk (beide Werte sind in Abbildung 5.40 dargestellt und erklärt) gezogen wurde: −1.527,64 EUR + 1.523,33 EUR = 4,31 EUR.
- Der Betrag von 4,31 EUR ist der Konzernerlös der Vorstufe (3000/SP01).

Document Number	3000026801	Company Code	1000	Fiscal Year	2022
Document Date	01.11.2021	Posting Date	01.11.2021	Period	2
Reference	8300684891	Cross-Comp.No.			
Currency	EUR	Texts Exist	☐	Ledger Group	

Trs	Key	Account	Curr.	Amount	LCurr	LC Amount	Gro...	Group Curr	Gro...	Group Crcy	Material	Plant	Quantity	Purchasing Doc
KBS	31	3000	EUR	1.634,57-	EUR	1.634,57-	EUR	1.634,57-	EUR	1.634,57-				
WRX	86	45700001	EUR	1.527,64	EUR	1.527,64	EUR	1.527,64	EUR	1.523,33	2000	DE01	1.900	7100965460
VST	40	27416000	EUR	106,93	EUR	106,93	EUR	106,93	EUR	106,93				
TCV	40	69101009	EUR	0,00	EUR	0,00	EUR	0,00	EUR	4,31				

Abbildung 5.43: Eingangsrechnung in Buchungskreis 1000

Somit sind die für die Konzern-Ist-Kosten-Nachverrechnung relevanten Belege gebucht.

5.6 Monatsabschluss

In den Abschnitten 5.2, 5.3 und 5.5 habe ich Stammdaten, S-Preis-Ermittlung und Ist-Buchungen erklärt. Nun soll dieser Prozess mit dem Monatsabschluss final beleuchtet werden.

Die gute Nachricht vorab: Der Monatsabschluss ändert sich nicht, wenn Sie für legale Bewertung bereits die Ist-Kosten-Nachverrechnung (Actual Costing – ML-ACT) im Einsatz haben.

Sollten Sie aber mit ML-ACT erst bei der Konzernbewertung beginnen, dann sind die folgenden drei (oder vier) Schritte im CO einzuplanen:

1. Zuerst müssen Sie die **Kostenstellenrechnung** (CO-OM) mit der Ist-Tarif-Ermittlung abschließen. Dazu sind zuvor alle Verrechnungen (Auftragsabrechnungen, Umlagen etc.) durchzuführen und die Kosten auf den Fertigungskostenstellen mit den Ist-Leistungen abzugleichen. Oft ist die automatische Ermittlung der Ist-Tarife die größere Herausforderung, weil das Ergebnis aufgrund zahlreicher Umstände (Leerlauf, Stillstand in der Urlaubszeit, Umlagen mit falschem Ergebnis etc.) absolut falsch sein kann. Daher ist es immer wichtig, die Kostenstellen-Ist-Tarife auf Plausibilität zu prüfen und ggf. entsprechende Konzepte zu erarbeiten und Umbuchungen durchzuführen.

2. Anschließend rechnen Sie die **Produktionsaufträge** in der Produktkostenrechnung (CO-PC) ab. Davor sind alle anderen relevanten Transaktionen (Templateverrechnung, Abweichungsermittlung etc.) durchzuführen. Nur die Ist-Tarif-Nachverrechnung lassen Sie bei Einsatz des ML-ACT aus (die Abweichungen der Ist-Tarife von den Plantarifen werden im Rahmen des ML-Abschlusses direkt von den Kostenstellen auf die Materialien gebucht).

3. Nun starten Sie den ML-Monatslauf – die sogenannte **Ist-Kalkulation** – im Modul ML (Transaktion *CKMLCP*). Dabei werden gleich-

zeitig die legale und die Konzern-Ist-Kalkulation durchgeführt. Es ist also kein zweiter Lauf (wie bei der Standardkalkulation) erforderlich. Genau genommen kann man den legalen und den Konzernlauf gar nicht trennen – außer man verwendet das Universal Parallel Accounting (UPA, ab S/4HANA Release 2022, siehe Abschnitt 6.3) oder die getrennte Bewertung (siehe Abschnitt 6.2). In S/4HANA wird hierbei auch gleich das accounting-based CO-PA mit- bzw. nachbewertet. Wichtig ist, dass alle für die Konzernkalkulation relevanten Werke in **einem** Lauf enthalten sind.

4. Sollten Sie das **costing-based CO-PA** einsetzen und die Werte der Ist-Kalkulation auch in den Deckungsbeitragsberichten auswerten wollen, müssen Sie die Ergebnisse der Ist-Kalkulation mittels der Transaktion *KE27* nachbewerten (erfolgt in einem Schritt für legale und Konzernbewertung).

In unserem Beispiel wurden für den Monatsabschluss die ersten drei Schritte durchlaufen. Zuerst wurden die Kostenstellen-Ist-Tarife ermittelt. Wie aus Abbildung 5.44 ersichtlich, sind für alle Leistungsarten die Plan- und Ist-Tarife für die Kostenstelle (COST CENTER) 3000Q21221 vorhanden (in der Spalte PRI steht der Wert 2 für Plan und 5 für Ist).

Activity Type Price Report: Overview Screen

Master Record

Cost Center 3000Q21211
Activity Type
Version 0 Plan/Act - Version
Fiscal Year 2020
Period 2 To 2
Price unit 1

Cost Center	Act. type short text	CO crcy	Total Price	Price (Fixed)	Price (Variable)	PrI	ObCur
3000Q21211	Personnel Costs	EUR	3,72	1,86	1,86	2	SGD
	Personnel Costs	EUR	3,37	3,37	0,00	5	SGD
	Mach. C. Utilities	EUR	1,08	0,43	0,65	2	SGD
	Mach. C. Utilities	EUR	0,90	0,90	0,00	5	SGD
	Mach. C. Depreciat.	EUR	4,48	4,48	0,00	2	SGD
	Mach. C. Depreciat.	EUR	3,41	3,41	0,00	5	SGD
	Mach. C. Mainten.	EUR	5,72	2,29	3,43	2	SGD
	Mach. C. Mainten.	EUR	4,70	4,70	0,00	5	SGD
	Mach. C. Others	EUR	2,54	2,54	0,00	2	SGD
	Mach. C. Others	EUR	1,41	1,41	0,00	5	SGD
	Masch. C. Site OH	EUR	5,15	5,15	0,00	2	SGD
	Masch. C. Site OH	EUR	5,00	5,00	0,00	5	SGD

Abbildung 5.44: Transaktion KSBT – Kostenstellen Plan- und Ist-Tarife

Die Nachverrechnung zwischen Plan- und Ist-Tarif erfolgt mit der Transaktion *CKMLCP*.

Sodann wurden für die Produktion des Materials 2000 im Werk SP01 die Produktionsaufträge abgerechnet.

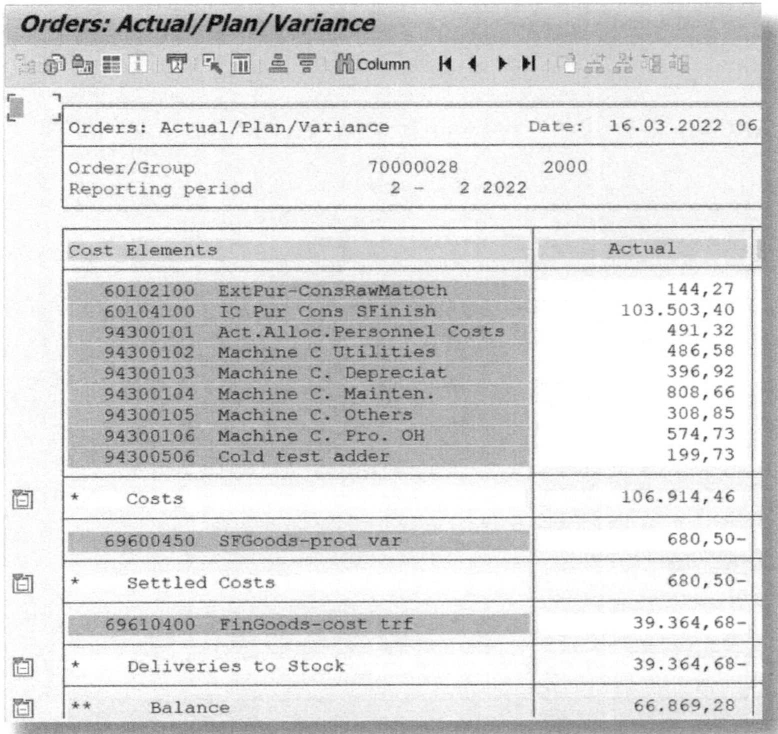

Orders: Actual/Plan/Variance

Orders: Actual/Plan/Variance   Date: 16.03.2022 06

Order/Group   70000028   2000
Reporting period   2 -   2 2022

Cost Elements	Actual
60102100 ExtPur-ConsRawMatOth	144,27
60104100 IC Pur Cons SFinish	103.503,40
94300101 Act.Alloc.Personnel Costs	491,32
94300102 Machine C Utilities	486,58
94300103 Machine C. Depreciat	396,92
94300104 Machine C. Mainten.	808,66
94300105 Machine C. Others	308,85
94300106 Machine C. Pro. OH	574,73
94300506 Cold test adder	199,73
* Costs	106.914,46
69600450 SFGoods-prod var	680,50-
* Settled Costs	680,50-
69610400 FinGoods-cost trf	39.364,68-
* Deliveries to Stock	39.364,68-
** Balance	66.869,28

Abbildung 5.45: Auftragsbericht – Abrechnung Produktionsauftrag für Material 2000/SP01

Wie in Abbildung 5.45 sichtbar, entfielen 680,50 EUR vom Produktionsauftrag auf das Material 2000 (Zeile: 69600450 SFGOODS-PROD VAR).

Diese Abweichung fließt in den ML-Abschluss ein.

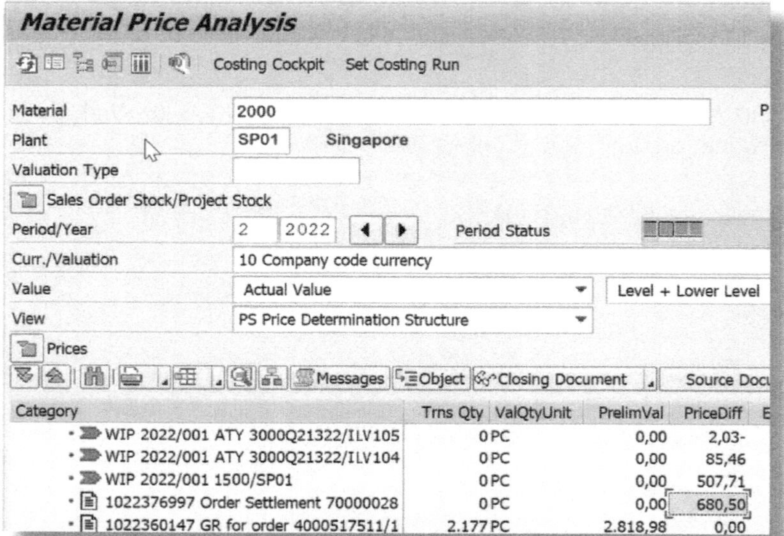

Abbildung 5.46: CKM3N – abgerechnete Abweichungen des Fertigungsauftrags für 2000/SP01

Der abgerechnete Wert in Höhe von 680,50 EUR ist in der Materialpreisanalyse, Abbildung 5.46, Zeile 1022376997 ORDER SETTLEMENT 70000028, ersichtlich.

Nun kommt der Abschluss im ML mit der Transaktion *CKMLCP* an die Reihe. Hierzu legen Sie einen Lauf für die zurückliegende Periode an, der alle Werke aller Buchungskreise umfasst. Damit erfolgt die Ist-Kosten-Nachverrechnung über alle Werke hinweg, in unserem Fall SP01 und DE01.

Getrennte Ist-Läufe für legale und Konzernbewertung

Beim Einsatz von S/4HANA mit dem Universal Journal (UJ) ist der Lauf mit *CKMLCP* zugleich für die legale wie auch für die Konzernbewertung durchzuführen. Daher müssen alle legalen Einheiten mit dem Ist-Lauf warten, bis auch sämtliche anderen Einheiten die Abrechnung der Fertigungsaufträge abgeschlossen haben. Ein getrennter Lauf – vergleichbar zur Transaktion *CK40N* – ist bei *CKMLCP* nicht möglich. Dies führt unweigerlich zu Problemen bei einem Fast Close.

Zumindest ab Release S/4HANA 2022 OP kann man mit dem Pilothinweis 3202333 die Läufe jedoch trennen. Mehr Details hierzu finden Sie in Abschnitt 6.2.

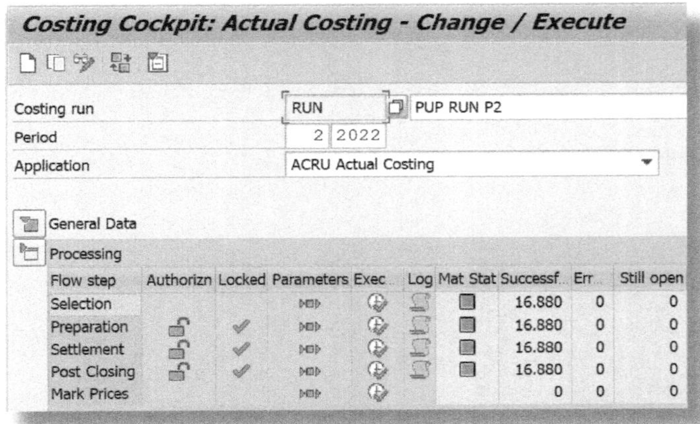

Abbildung 5.47: CKMLCP – Closing Cockpit

In Abbildung 5.47 finden Sie die erforderlichen Schritte für den ML-Abschluss:

- SELECTION/Selektion: Es werden alle Materialien selektiert, die für den ML-ACT relevant sind (Preisermittlung auf *3* gesetzt) und entsprechend Buchungen aufweisen.
- PREPARATION/Vorbereitung: Nun wird der Ablauf der Ist-Kosten-Nachverrechnungen definiert.
- SETTLEMENT/Abrechnung: In diesem Schritt werden alle Verrechnungen ermittelt. Das System baut die VALUATED QUANTITY STRUCTURE auf (siehe Abbildung 5.48), ermittelt die Abweichungen auf gleicher Ebene (Kostenstellen-Ist-Tarife und Auftragsabrechnungen) und das Roll-up von den darunterlie-

genden Stufen (Abweichungen des Materials 1500 auf Material 2000, siehe Abbildung 5.49).

- POST CLOSING/Abschluss buchen: Alle FI/CO-Belege, die durch den ML erzeugt werden, werden mit dieser Transaktion gebucht.

Buchtipp

Weitere Details zum Ablauf finden Sie im Buch »Materialbewertung und das Material-Ledger in SAP S/4HANA« (Tom King, Espresso Tutorials 2021).

Valuated Quantity Structure (Multilevel)

Period/Year 002.2022

Hide | Hide | Hide WIP

Valuated Quantity Structure (Multilevel)	Quantity	Unit	PrelimVal	Diff.	ActualVal.	Price	Currency	Object	Per
P ... /_	30.400	PC	24.373,23	2.303,37	26.676,60	877,52	EUR	2000 SP01	1.000
PVersion:M101	30.400	PC	24.373,23	2.303,37	26.676,60	877,52	EUR	PVersion:M101	1.000
RL_A0024-C001_330_100_PS_BK_20p_CPA	22	PC	14,59	0,60	15,19	690,45	EUR	P000118874 SP01	1.000
HIC_A0044-C082_5%,10%,60%_T_125p_DYE	9	PC	0,29	0,01	0,30	33,33	EUR	P000118877 SP01	1.000
CT_A0024-C026_PSAPS_SOT_CX_260m_ADV	604,670	M	39,16	3,98	43,14	71,34	EUR	P000118536 SP01	1.000
HIC_A0044-C082_5%,10%,60%_B_200p_DYE	19	PC	0,62	0,04	0,66	34,74	EUR	P000118577 SP01	1.000
Bx_A0019-C051_345_342_51_CCO_S_50_TSP	22	PC	6,96	1,38	8,34	379,09	EUR	P000119623 SP01	1.000
QS_A0025-C056_100_35_GY_LP_RL_9000_OLE	21	PC	0,07	0,02	0,09	4,29	EUR	P000119734 SP01	1.000
BL_A0025-C060_105_51_WE_BB_ST_3000_SLP	61	PC	0,21	0,01	0,22	3,61	EUR	P000118522 SP01	1.000
QS_A0025-C056_100_35_GY_LP_ST_6000_OLE	11	PC	0,03	0,01	0,04	3,64	EUR	P000118353 SP01	1.000
CV_A0024-C017_CP33A_PS_500m_CPA	581,470	M	19,22	0,77	19,99	34,38	EUR	P000118396 SP01	1.000
PG-LQFP-64/S7189/N/_/_	18.609	PC	13.108,74	833,55	13.942,29	749,22	EUR	1500 SP01	1.000
WIP 01.2022 / PG-LQFP-64/S7189/N/_/_	13.287	PC	9.359,76	596,19	9.955,95	749,30	EUR	1500 SP01	1.000
MBB_A0044-C005_500_420_GP_Al_300p_DYE	22	PC	5,30	0,27	5,57	253,18	EUR	P000118646 SP01	1.000
DS_A0044-C092_CL_Tyvek_2_RL_150p_DYE	19	PC	2,09	0,21	2,30	121,05	EUR	P000122465 SP01	1.000
DS_A0044-C092_CL_Tyvek_2_T_160p_DYE	9	PC	0,72	0,06	0,78	86,67	EUR	P000122464 SP01	1.000
Personnel Costs	47,133	H	207,86	143,15	351,01	7.447,12	EUR	KL3000Q21211/IFX101	1.000
WIP 01.2022 / Personnel Costs	13,137	H	57,93	32,41	90,34	6,88	EUR	KL3000Q21211/IFX101	1
Machine Cost (Utilities and MiP)	47,133	H	57,03	17,34	74,37	1.577,93	EUR	KL3000Q21211/IFX102	1.000
WIP 01.2022 / Machine Cost (Utilities and MiP)	13,137	H	15,90	6,37	22,27	1,70	EUR	KL3000Q21211/IFX102	1
Machine Cost (Depreciation)	47,133	H	168,74	42,00	210,74	4.471,19	EUR	KL3000Q21211/IFX103	1.000
WIP 01.2022 / Machine Cost (Depreciation)	13,137	H	47,03	3,35	50,38	3,84	EUR	KL3000Q21211/IFX103	1
Machine Cost (Maintenance)	47,133	H	246,03	102,63-	143,40	3.042,60	EUR	KL3000Q21211/IFX104	1.000
WIP 01.2022 / Machine Cost (Maintenance)	13,137	H	68,58	19,34-	49,24	3,75	EUR	KL3000Q21211/IFX104	1

Abbildung 5.48: Bewertete Ist-Mengen-Struktur

In der Ansicht »Bewertete Ist-Mengen-Struktur« (VALUATED QUANTITY STRUCTURE, siehe Abbildung 5.48) kann man sowohl für alle Materialien als auch für sämtliche Leistungen die Ist-Menge sehen und prüfen. Unter anderem ist in der Bildmitte (Spalte OBJECT) das Material 1500 als Teil der Stückliste von Material 2000 zu sehen.

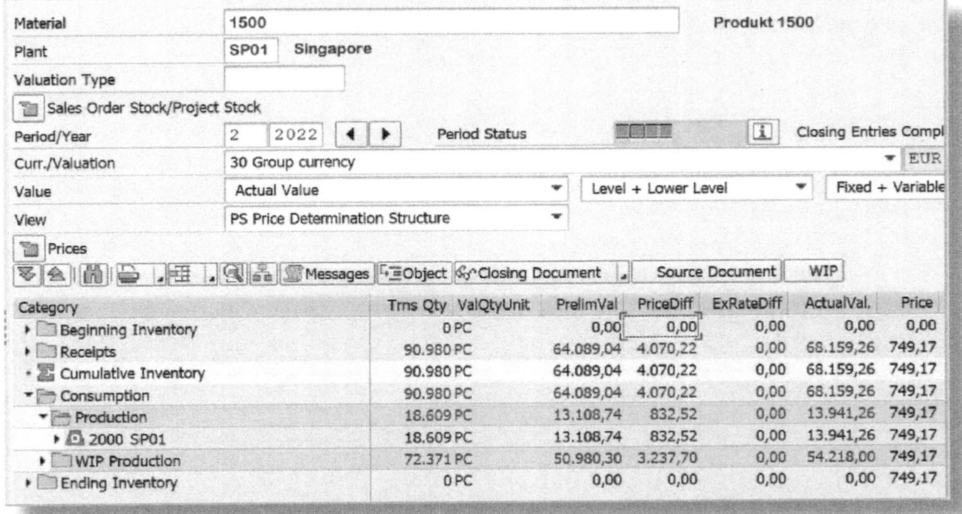

Category	Trns Qty ValQtyUnit	PrelimVal	PriceDiff	ExRateDiff	ActualVal.	Price
Beginning Inventory	0 PC	0,00	0,00	0,00	0,00	0,00
Receipts	90.980 PC	64.089,04	4.070,22	0,00	68.159,26	749,17
Cumulative Inventory	90.980 PC	64.089,04	4.070,22	0,00	68.159,26	749,17
Consumption	90.980 PC	64.089,04	4.070,22	0,00	68.159,26	749,17
Production	18.609 PC	13.108,74	832,52	0,00	13.941,26	749,17
2000 SP01	18.609 PC	13.108,74	832,52	0,00	13.941,26	749,17
WIP Production	72.371 PC	50.980,30	3.237,70	0,00	54.218,00	749,17
Ending Inventory	0 PC	0,00	0,00	0,00	0,00	749,17

Abbildung 5.49: Roll-up-Kosten von Material 1500 für Material 2000

In der Materialpreisanalyse des MATERIALS 1500 (Werk SP01), das in Material 2000 einfließt (siehe Abbildung 5.49), sehen wir, dass die Preisdifferenz für die verbrauchten 18.609 Stück mit dem Material 2000 – SP01 mit dem Wert 832,52 EUR verrechnet wird.

Wenn alle Schritte des Abschlusses durchlaufen sind, ergibt sich für das Material 2000/SP01 folgendes Bild:

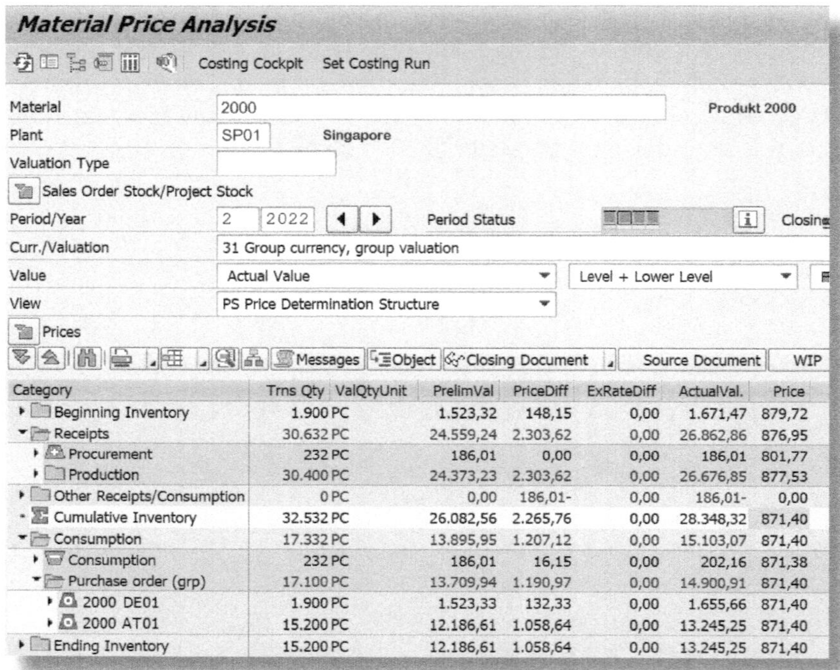

Material Price Analysis

Costing Cockpit Set Costing Run

Material: 2000 — Produkt 2000
Plant: SP01 — Singapore
Valuation Type:
Sales Order Stock/Project Stock
Period/Year: 2 2022 — Period Status — Closing
Curr./Valuation: 31 Group currency, group valuation
Value: Actual Value — Level + Lower Level
View: PS Price Determination Structure
Prices

Messages Object Closing Document Source Document WIP

Category	Trns Qty	ValQtyUnit	PrelimVal	PriceDiff	ExRateDiff	ActualVal.	Price
Beginning Inventory	1.900	PC	1.523,32	148,15	0,00	1.671,47	879,72
Receipts	30.632	PC	24.559,24	2.303,62	0,00	26.862,86	876,95
Procurement	232	PC	186,01	0,00	0,00	186,01	801,77
Production	30.400	PC	24.373,23	2.303,62	0,00	26.676,85	877,53
Other Receipts/Consumption	0	PC	0,00	186,01-	0,00	186,01-	0,00
Cumulative Inventory	32.532	PC	26.082,56	2.265,76	0,00	28.348,32	871,40
Consumption	17.332	PC	13.895,95	1.207,12	0,00	15.103,07	871,40
Consumption	232	PC	186,01	16,15	0,00	202,16	871,38
Purchase order (grp)	17.100	PC	13.709,94	1.190,97	0,00	14.900,91	871,40
2000 DE01	1.900	PC	1.523,33	132,33	0,00	1.655,66	871,40
2000 AT01	15.200	PC	12.186,61	1.058,64	0,00	13.245,25	871,40
Ending Inventory	15.200	PC	12.186,61	1.058,64	0,00	13.245,25	871,40

Abbildung 5.50: CKM3N – Materialpreisanalyse Material 2000/SP01

In Abbildung 5.50 sind die Werte der Ist-Konzernbewertung dargestellt; dies erkennen wir in der Selektionszeile Währung/Bewertung (CURR./VALUATION). Der Wert *31* verweist auf die CURRENCY VALUATION 31 – Konzernbewertung/Konzernwährung *(Group currency, group valuation)*. Die Selektion *Actual Value* stellt die Ist-Werte dar.

Im Bericht zeigt sich in der Zeile PRODUCTION, dass in Summe 2.303,62 EUR an Abweichungen (Spalte PRICEDIFF) gesammelt wurden, die den Konzern-PVP auf 871,40 EUR je 1.000 Stück anwachsen ließen (Zeile CUMULATIVE INVENTORY).

Wenn wir den Verbrauch (CONSUMPTION) betrachten, sehen wir, dass das Material 2000 an die Werke DE01 und AT01 verkauft wurde.

Infolge der Verwendung von SiT für die Verkäufe erscheint das Symbol , das uns u. a. erlaubt, per Doppelklick direkt auf die Materialpreisanalyse des jeweiligen Materials zu wechseln. Es erscheinen in diesem Fall die in Abbildung 5.51 dargestellten Einträge.

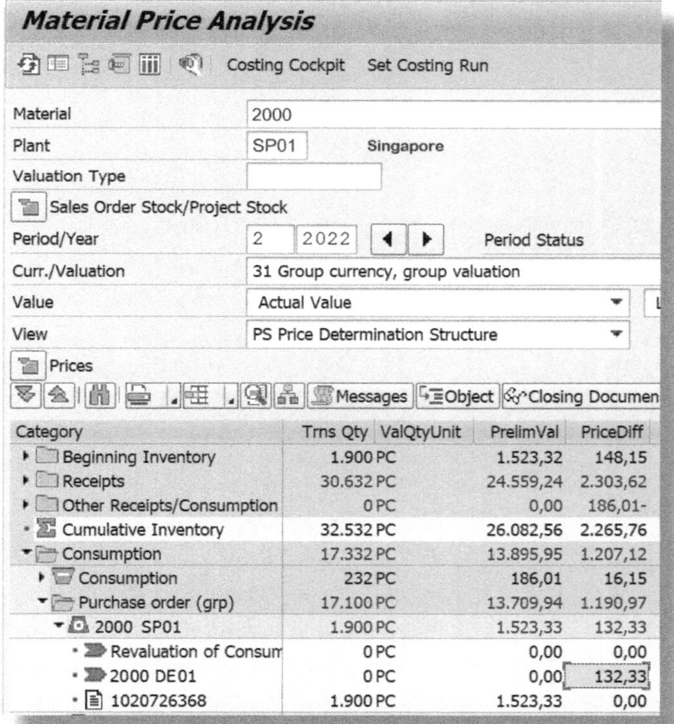

Abbildung 5.51: CKM3N – Materialpreisanalyse Material 2000/SP01 – Weiterverrechnung der Abweichungen in der Konzernbewertung

In den Subzeilen zum Verbrauch (CONSUMPTION) erkennen wir, dass die Abweichung in Höhe von 132,33 EUR für 1.900 Stück an das Material 2000 im Werk DE01 weiterverrechnet wird.

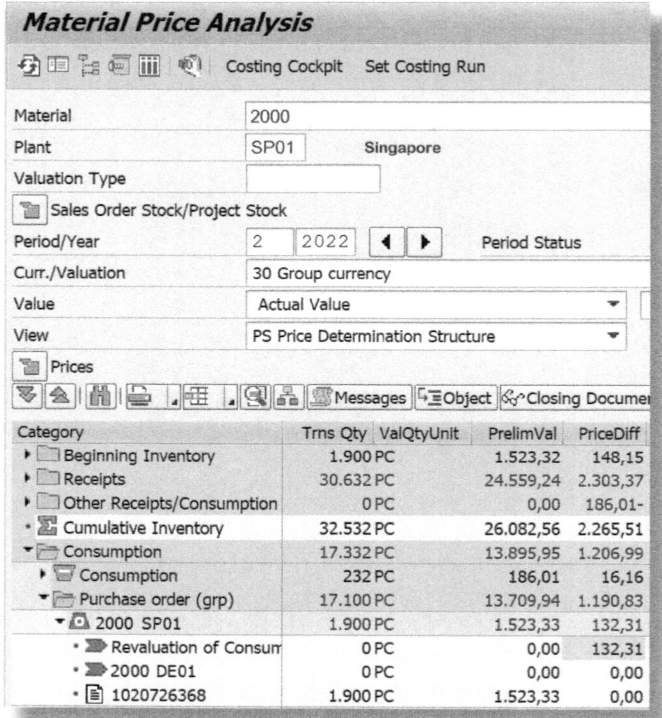

Abbildung 5.52: CKM3N – Materialpreisanalyse Material 2000/SP01 – keine Weiterverrechnung der Abweichungen in der legalen Bewertung

Im Gegensatz dazu wird in Abbildung 5.52, welche die legale Sicht (CURR./VALUATION = *30*) darstellt, in den Subzeilen zum Verbrauch die Abweichung in Höhe von 132,31 EUR für 1.900 Stück nicht weiterverrechnet.

Sehen wir uns nun die Sichten aus dem Empfängerbuchungskreis bzw. Empfängerwerk DE01 an.

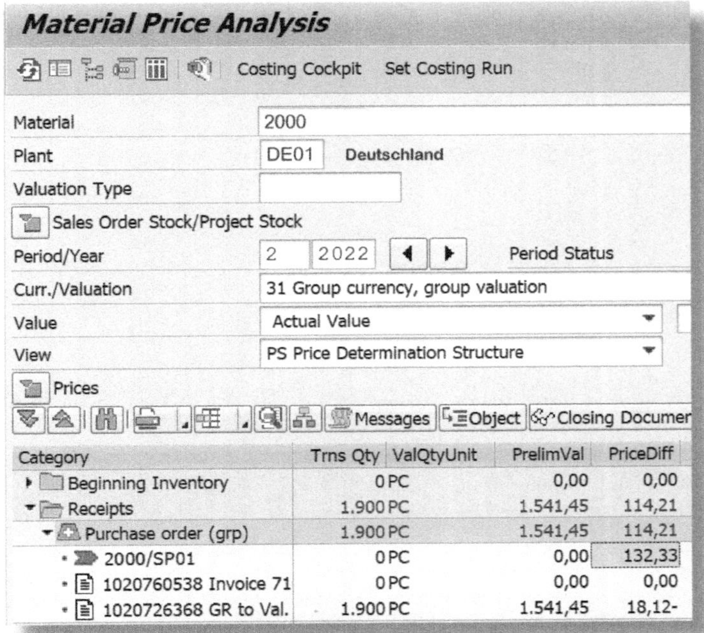

Abbildung 5.53: CKM3N – Materialpreisanalyse Material 2000/DE01 – Weiterverrechnung der Abweichungen in der Konzernbewertung

In Abbildung 5.53, die die Konzernsicht im Werk DE01 darstellt, erkennen wir in den Subzeilen zum Zugang (RECEIPTS), dass die Abweichung in Höhe von 132,33 EUR für 1.900 Stück an das Material 2000 im Werk DE01 weiterverrechnet ist.

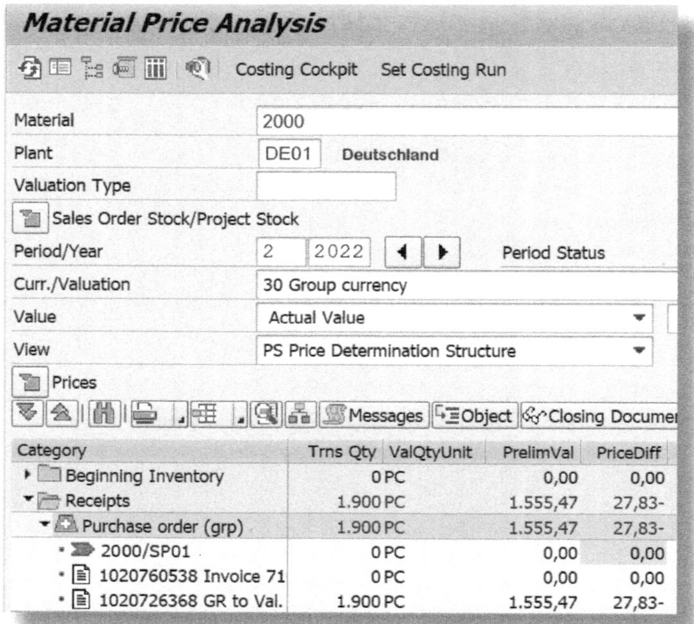

Abbildung 5.54: CKM3N – Materialpreisanalyse Material 2000/DE01 – keine Weiterverrechnung der Abweichungen in der legalen Bewertung

Im Gegensatz dazu – sichtbar in Abbildung 5.54, die nun die legale Sicht darstellt – wurde in den Subzeilen zum Zugang nichts weiterverrechnet.

In der legalen Sicht gibt es also keine buchungskreisübergreifenden Ist-Kosten-Nachverrechnungen.

Abschließend wollen wir in Abbildung 5.55 einen Blick auf das Material 2000 im Empfängerwerk DE01 in der Konzernsicht *(31)* werfen:

- Infolge der Ist-Kosten-Nachverrechnung aus dem Werk SP01 sind die Abweichungen im Werk DE01 um 132,33 EUR ❶ gestiegen.
- Daher ergibt sich in der Zeile CUMULATIVE INVENTORY in der Spalte PRICEDIFF eine Preisdifferenz in der Höhe von 125,92 EUR ❷.

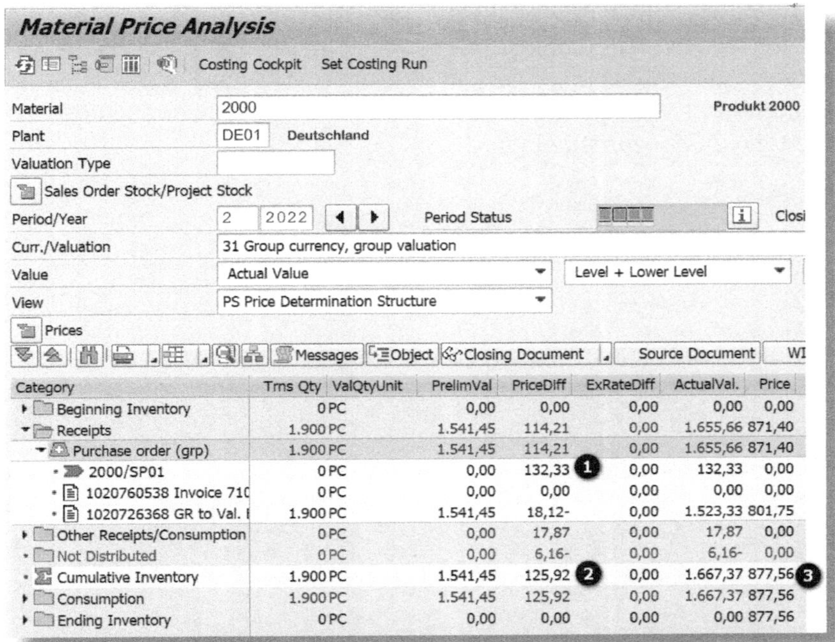

Material Price Analysis

Costing Cockpit | Set Costing Run

Material	2000	Produkt 2000
Plant	DE01	Deutschland
Valuation Type		
Sales Order Stock/Project Stock		
Period/Year	2 2022	Period Status
Curr./Valuation	31 Group currency, group valuation	
Value	Actual Value	Level + Lower Level
View	PS Price Determination Structure	

Prices

Messages | Object | Closing Document | Source Document | WI

Category	Trns Qty	ValQtyUnit	PrelimVal	PriceDiff	ExRateDiff	ActualVal.	Price
Beginning Inventory	0	PC	0,00	0,00	0,00	0,00	0,00
Receipts	1.900	PC	1.541,45	114,21	0,00	1.655,66	871,40
Purchase order (grp)	1.900	PC	1.541,45	114,21	0,00	1.655,66	871,40
2000/SP01	0	PC	0,00	132,33 ❶	0,00	132,33	0,00
1020760538 Invoice 71(	0	PC	0,00	0,00	0,00	0,00	0,00
1020726368 GR to Val. I	1.900	PC	1.541,45	18,12-	0,00	1.523,33	801,75
Other Receipts/Consumption	0	PC	0,00	17,87	0,00	17,87	0,00
Not Distributed	0	PC	0,00	6,16-	0,00	6,16-	0,00
Cumulative Inventory	1.900	PC	1.541,45	125,92 ❷	0,00	1.667,37	877,56 ❸
Consumption	1.900	PC	1.541,45	125,92	0,00	1.667,37	877,56
Ending Inventory	0	PC	0,00	0,00	0,00	0,00	877,56

Abbildung 5.55: CKM3N – Materialpreisanalyse Material 2000/DE01 – Konzern-PVP

- Diese Abweichung führt in der Konzernbewertung zu einem Konzern-PVP von 877,56 EUR ❸.
- Sollte der Artikel verkauft werden, kann man diese Abweichung auch am Konzerndeckungsbeitrag nachvollziehen.

Ergebnis der Konzernbewertung

Aufgrund der buchungskreisübergreifenden Ist-Kosten-Nachverrechnung für die Konzernbewertung kann man die Auswirkung der Abweichung nicht nur im ML und in der Bewertung erkennen, sondern auch im Ergebnis und im Deckungsbeitrag.

Die konzernweiten Ist-Herstellkosten werden nicht nur ermittelt, sie lassen sich auch heruntergebrochen anhand der Kostenelemente darstellen (siehe Abbildung 5.56 und Abbildung 5.57). Das erfüllt Berichtsbedürfnissen aus Sicht des Controllings und ermöglicht auch die Bewertung im Konzernergebnis.

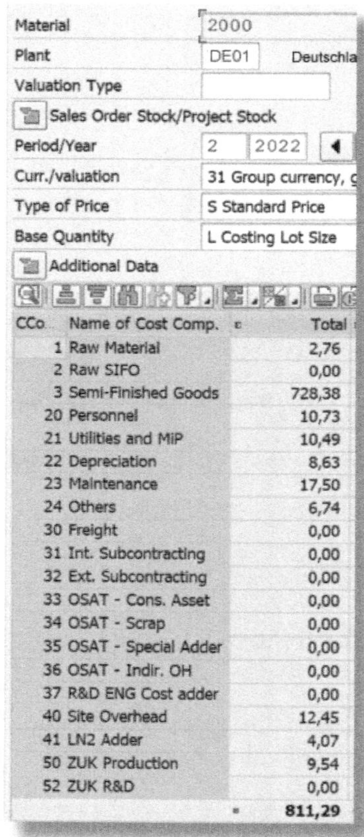

Material	2000
Plant	DE01 Deutschla
Valuation Type	
Sales Order Stock/Project Stock	
Period/Year	2 2022
Curr./valuation	31 Group currency, g
Type of Price	S Standard Price
Base Quantity	L Costing Lot Size
Additional Data	

CCo	Name of Cost Comp.	Total
1	Raw Material	2,76
2	Raw SIFO	0,00
3	Semi-Finished Goods	728,38
20	Personnel	10,73
21	Utilities and MiP	10,49
22	Depreciation	8,63
23	Maintenance	17,50
24	Others	6,74
30	Freight	0,00
31	Int. Subcontracting	0,00
32	Ext. Subcontracting	0,00
33	OSAT - Cons. Asset	0,00
34	OSAT - Scrap	0,00
35	OSAT - Special Adder	0,00
36	OSAT - Indir. OH	0,00
37	R&D ENG Cost adder	0,00
40	Site Overhead	12,45
41	LN2 Adder	4,07
50	ZUK Production	9,54
52	ZUK R&D	0,00
	•	811,29

Abbildung 5.56: CKM3N – Schichtung nach S-Preis in Konzernbewertung

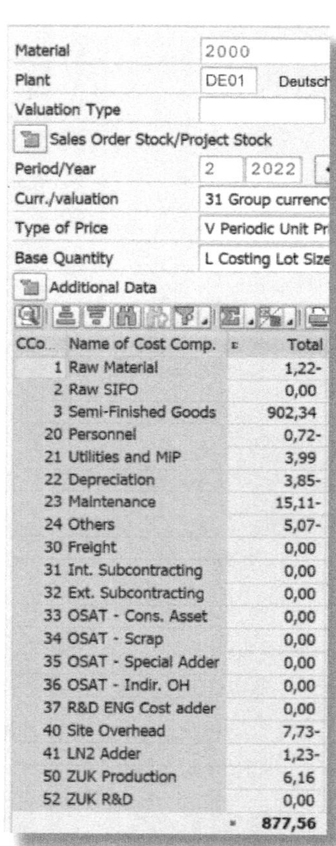

Material	2000
Plant	DE01 Deutsch
Valuation Type	
Sales Order Stock/Project Stock	
Period/Year	2 2022
Curr./valuation	31 Group currenc
Type of Price	V Periodic Unit Pr
Base Quantity	L Costing Lot Size
Additional Data	

CCo	Name of Cost Comp.	Total
1	Raw Material	1,22-
2	Raw SIFO	0,00
3	Semi-Finished Goods	902,34
20	Personnel	0,72-
21	Utilities and MiP	3,99
22	Depreciation	3,85-
23	Maintenance	15,11-
24	Others	5,07-
30	Freight	0,00
31	Int. Subcontracting	0,00
32	Ext. Subcontracting	0,00
33	OSAT - Cons. Asset	0,00
34	OSAT - Scrap	0,00
35	OSAT - Special Adder	0,00
36	OSAT - Indir. OH	0,00
37	R&D ENG Cost adder	0,00
40	Site Overhead	7,73-
41	LN2 Adder	1,23-
50	ZUK Production	6,16
52	ZUK R&D	0,00
	•	877,56

Abbildung 5.57: CKM3N – Schichtung nach PVP in Konzernbewertung

Somit ist nun der Monatsabschluss fertiggestellt, und die ermittelten Werte sind in der Konzernbewertung entsprechend verfügbar – für die weitere Verarbeitung in der Bestandsbewertung oder für das Berichtswesen.

Zudem können Sie die PVP-Werte der Konzernbewertung in die Ergebnisrechnung (CO-PA) überleiten, um die Plankonzernmarge der Ist-Konzernmarge gegenüberzustellen. Dies erfolgt für die kalkulatorische Ergebnisrechnung (in S/4HANA ebenso wie in ECC) mit der Bewertung durch die Transaktion *KE27* zum Bewertungszeitpunkt *02*. In S/4HANA wird unter Anwendung der kontenbasierenden Ergebnisrechnung bei der Abschlussbuchung der Transaktion *CKMLCP* die Bewertung für die Margin Analysis entsprechend mitgebucht.

5.7 Exkurs: Partnerschichtung

Wie oben erwähnt, will ich hier anhand eines Beispiels das Konzept des »Partners« im Unterschied zu demjenigen des »direkten Partners« erläutern.

Beispiel zur Partnerschichtung

- Die drei Werke 1100, 2000 und 2300 sind unterschiedlichen Buchungskreisen zugeordnet, nämlich 1000, 2000 und 2300.
- Werk 2300 montiert eine Pumpe (Material P-100) und erhält teilweise Material von den beiden anderen Werken.
- Werk 2000 liefert das Gehäuse (Material 100-100) zu einem Preis von 76.690 EUR, jedoch zuerst an das Werk 1100.
- Werk 1100 wiederum liefert das Gehäuse zu einem Preis von 76.690 EUR an Werk 2300, ohne selbst eine Wertschöpfung beizutragen.
- Werk 2000 liefert den Antrieb (Material 100-200) zu einem Preis von 30.680 EUR direkt an Werk 2300.
- Das Blech (Material 100-700) zu 1.651,20 EUR wird direkt vom Werk 2300 zugekauft.

Diese Lieferkette ist in der Kalkulationsstruktur in Abbildung 5.58 zu erkennen.

Materialkalkulation mit Mengengerüst anlegen

Kalkulationsstruktur aus | Detailliste aus | Merken

Kalkulationsstruktur	F...	Wert Ge...	W...	Menge	M	Ressource
Pumpe		109.021,20	EUR	100	ST	2300 P-100
Gehäuse		76.690,00	EUR	100	ST	2300 100-100
Gehäuse		76.690,00	EUR	100	ST	1100 100-100
Gehäuse		76.690,00	EUR	100	ST	2000 100-100
Antrieb		30.680,00	EUR	100	ST	2300 100-200
Antrieb		30.680,00	EUR	100	ST	2000 100-200
Blech		1.651,20	EUR	640,00	M2	2300 100-700

Abbildung 5.58: Darstellung der Stückliste und Lieferkette in CK13N

Von der Kalkulation (Transaktion *CK13N*) gelangen wir

- via F8,
- mittels des Buttons PARTNER im Bildschirm rechts unten
- oder im Menü über den Pfad KOSTEN • PARTNERSCHICHTUNG

auf den Screen in Abbildung 5.59. Alternativ können wir die Partnerschichtung auch über die Transaktionen *CK88 – Partnerschichtung* und *CK88_99 – Material: Partnerschichtung* aufrufen.

Partnerschichtung

Material P-100 Pumpe
Werk 2300 Barcelona
Kalkulationsvariante YGRK YGR Konzern
Kalkulationsversion 1 Version ohne Customizing
Kalk.datum von - bis 22.05.2023 - 31.12.9999
Losgröße 100 ST Stück
Kostenbezugsgröße 100 ST Stück
Elementeschema 01 Erzeugniskalkulation (Hauptschichtung)

Herstellkosten
Elementegruppen 1
Buchungskreiswährung (EUR)

Material/BuKr./Werk	Beschreibung	Material	Fertigung	Gemeinkosten	Prozeßkosten	Sonstiges	Wert Gesamt
P-100	Pumpe	1.651,20	0,00	0,00	0,00	107.370,00	109.021,20
1000	BestRun Ger...	0,00	0,00	0,00	0,00	0,00	0,00
1100	Berlin	0,00	0,00	0,00	0,00	0,00	0,00
2000	BestRun UK	0,00	0,00	0,00	0,00	107.370,00	107.370,00
2000	Heathrow / H...	0,00	0,00	0,00	0,00	107.370,00	107.370,00
2300	BestRun Espa...	1.651,20	0,00	0,00	0,00	0,00	1.651,20
2300	Barcelona	1.651,20	0,00	0,00	0,00	0,00	1.651,20

Abbildung 5.59: Partnerschichtung nach Buchungskreis und Werk

Betrachten wir nun die **Partnerschichtung (ohne direkten Partner)**, dann erkennen wir die wertschöpfenden Werke/Buchungskreise deutlich (die Werte zu den Einsatzmaterialien sind Abbildung 5.58 zu entnehmen; die Materialnummer mit dem Werk steht hierbei in der Spalte Ressource):

- Die Wertschöpfungen für das Gehäuse (Material 100-100) in Höhe von 76.690 EUR und für den Antrieb (Material 100-200) zu 30.680 EUR werden vom Werk 2000 im Buchungskreis 2000 erbracht. Die Summe der Wertschöpfung des Werks/Buchungskreises 2000 ist somit 107.370 EUR.
- Das Blech (Material 100-700) wird zu 1.651,20 EUR direkt im Werk 2300 zugekauft.

Nun wenden wir uns der **direkten Partnerschichtung** zu.

Das entsprechende Fenster (siehe Abbildung 5.60) erreichen wir über

- F6,
- den Button Partnersicht (fünfter Button von oben) oder
- über den Menüpfad Einstellungen • Partnersichten.

Unter dem Menüpunkt Einstellungen können wir die verschiedenen Sichten auf die Partnerschichtung festlegen.

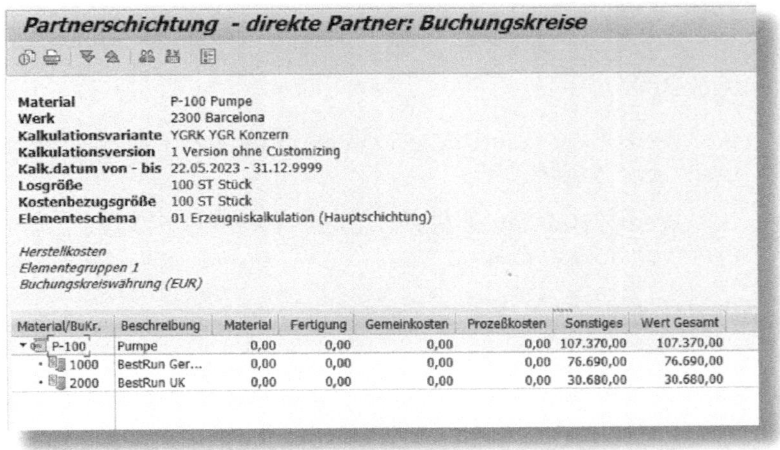

Partnerschichtung - direkte Partner: Buchungskreise

Material	P-100 Pumpe
Werk	2300 Barcelona
Kalkulationsvariante	YGRK YGR Konzern
Kalkulationsversion	1 Version ohne Customizing
Kalk.datum von - bis	22.05.2023 - 31.12.9999
Losgröße	100 ST Stück
Kostenbezugsgröße	100 ST Stück
Elementeschema	01 Erzeugniskalkulation (Hauptschichtung)

Herstellkosten
Elementegruppen 1
Buchungskreiswährung (EUR)

Material/BuKr.	Beschreibung	Material	Fertigung	Gemeinkosten	Prozeßkosten	Sonstiges	Wert Gesamt
P-100	Pumpe	0,00	0,00	0,00	0,00	107.370,00	107.370,00
1000	BestRun Ger...	0,00	0,00	0,00	0,00	76.690,00	76.690,00
2000	BestRun UK	0,00	0,00	0,00	0,00	30.680,00	30.680,00

Abbildung 5.60: Direkte Partnerschichtung nach Buchungskreis

Sehen wir uns zunächst die direkte Leistungsbeziehung aus Sicht der Buchungskreise an:

- Der Buchungskreis 1000 liefert das Gehäuse (Material 100-100) zum Preis von 76.690 EUR.
- Der Buchungskreis 2000 liefert den Antrieb (Material 100-200) zum Preis von 30.680 EUR.

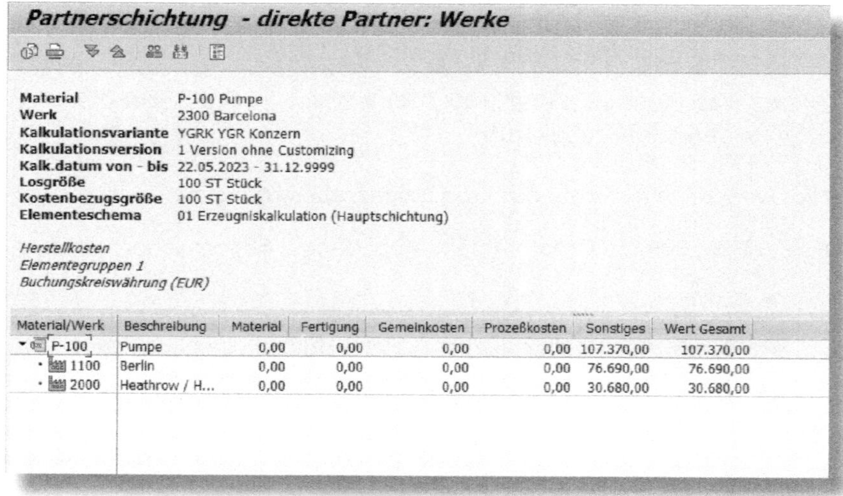

Partnerschichtung - direkte Partner: Werke

Material	P-100 Pumpe
Werk	2300 Barcelona
Kalkulationsvariante	YGRK YGR Konzern
Kalkulationsversion	1 Version ohne Customizing
Kalk.datum von - bis	22.05.2023 - 31.12.9999
Losgröße	100 ST Stück
Kostenbezugsgröße	100 ST Stück
Elementeschema	01 Erzeugniskalkulation (Hauptschichtung)

Herstellkosten
Elementegruppen 1
Buchungskreiswährung (EUR)

Material/Werk	Beschreibung	Material	Fertigung	Gemeinkosten	Prozeßkosten	Sonstiges	Wert Gesamt
P-100	Pumpe	0,00	0,00	0,00	0,00	107.370,00	107.370,00
1100	Berlin	0,00	0,00	0,00	0,00	76.690,00	76.690,00
2000	Heathrow / H...	0,00	0,00	0,00	0,00	30.680,00	30.680,00

Abbildung 5.61: Direkte Partnerschichtung nach Werk

In Abbildung 5.61 ist die direkte Leistungsbeziehung aus Sicht der Werke dargestellt:

- Das Werk 1100 liefert das Gehäuse (Material 100-100) zum Preis von 76.690 EUR.
- Das Werk 2000 liefert den Antrieb (Material 100-200) zum Preis von 30.680 EUR.

6 Die Konzernbewertung in der Praxis

In diesem Kapitel beleuchte ich spezielle Themen wie Interimslösungen bei schrittweisem Go-live, die getrennten Bewertungsläufe und bringe das UPA zur Sprache.

6.1 Tipps und Tricks zum Go-live der Konzernbewertung

Wenn man mit der Konzernbewertung produktiv gehen will, steht man vor der Herausforderung, dass die einzelnen Buchungskreise meist nicht mit einem Big Bang, sondern schrittweise nach SAP übernommen werden. Es dauert also, bis alle Buchungskreise auf dem gleichen System aktiv sind. Da jedoch die Konzernbewertung, wie eingangs erwähnt, nur innerhalb eines Kostenrechnungskreises funktioniert, lassen sich während dieser Interimsphase die Konzernwarenbewegungen, die über eine Schnittstelle ins SAP kommen, nicht nach den Konzernprinzipien bewerten. Mit anderen Worten: Die Werte, die bei Schnittstellen mit dem Währungsschlüssel 31 bebucht werden, sind schlichtweg falsch.

Sowohl bei der S-Preis-Kalkulation als auch bei den Ist-Buchungen sind also Lösungen gefragt. Ich möchte hier eine mögliche darstellen.

Ausgangssituation und Anforderung in unserem Beispiel

Die Gesellschaft in Singapur, Buchungskreis 3000, ist bereits in SAP produktiv, jedoch noch nicht die amerikanische Konzerngesellschaft, die Halbfabrikate an den Buchungskreis 3000 liefert. Ziel ist es nun, die I/C-Marge der amerikanischen Firma in der Konzernbewertung abzuziehen, damit SAP die korrekten Daten abbildet. Hierzu ist eine Lösung bei der S-Preis-Ermittlung und ebenso bei den Waren- und Rechnungseingängen zu definieren.

6.1.1 Ermittlung des Konzern-S-Preises

Um einen korrekten Konzern-S-Preis zu ermitteln, benötigen Sie neben dem legalen Einkaufspreis auch den Konzerneinkaufspreis. Wenn Sie generell mit Einkaufsinfosätzen arbeiten, bietet es sich an, den Konzernwert als statistische Kondition im Einkaufsinfosatz mitzupflegen. Daher kann eine mögliche Lösung wie folgt aussehen:

Neben der legalen Kondition (ZISP – IS GROSS PRICE) mit einem Wert von *16,63* USD für 100 Einheiten (siehe Abbildung 6.1) ist auch eine statistische Kondition (ZIGP – IS GROUP PRICE) mit einem Wert von *16,48* USD für 100 Einheiten (siehe Abbildung 6.2) erfasst worden.

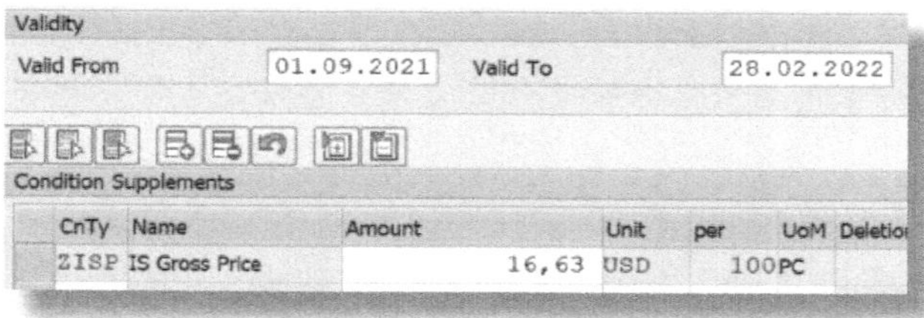

Abbildung 6.1: Kondition ZISP für legalen Wert

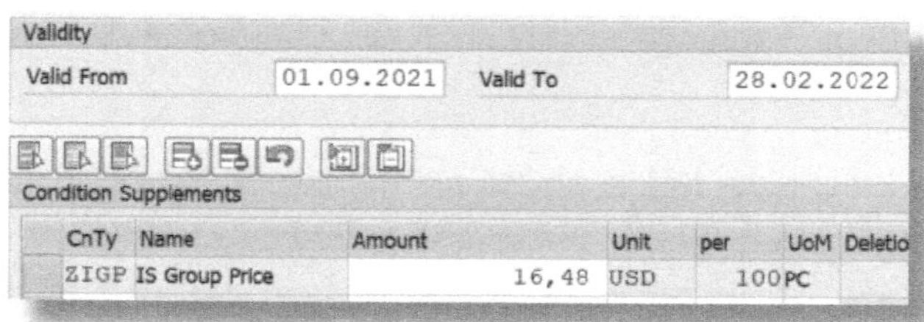

Abbildung 6.2: Kondition ZISG für Konzernwert

Wenn man nun in der Transaktion *EWCT* eine S-Preis-Ermittlung für 1.000 Einheiten unter Berücksichtigung des Umrechnungskurses (EXCH.RATE TYPE) *P* durchführt, ergeben sich folgende Werte (siehe Abbildung 6.3):

- legaler S-Preis für 1.000 Einheiten: 138,58 EUR
- Konzern-S-Preis für 1.000 Einheiten: 137,33 EUR

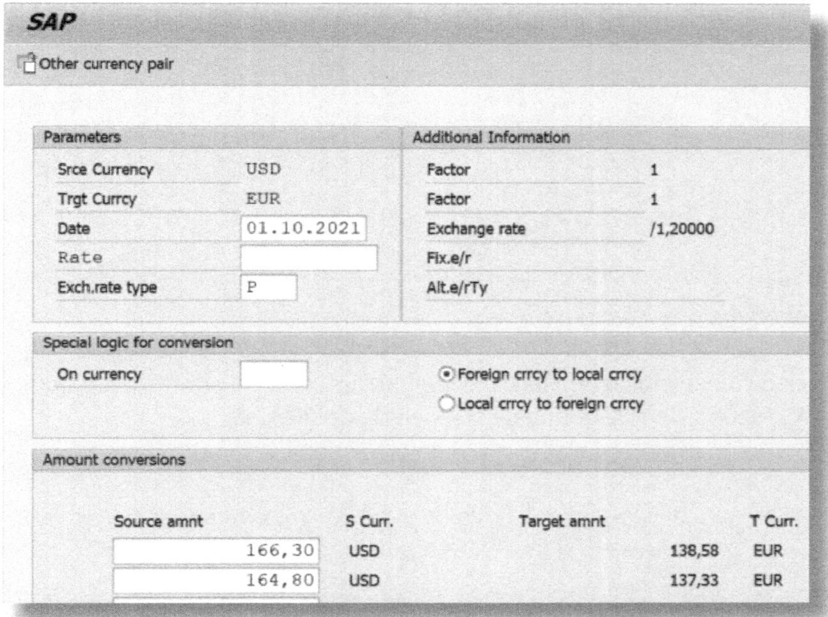

Abbildung 6.3: Umrechnung zum S-Preis mittels Transaktion EWCT für legalen und Konzernwert

Hinweis zum Zeitraum: Die Ermittlung der S-Preise erfolgt zum Geschäftsjahresbeginn – in diesem Fall ist dies, da es sich um ein verschobenes Geschäftsjahr handelt, der 01.10.2021.

In Abbildung 6.4 ist der legale S-Preis für die Periode 6/2022 (entspricht März 2022) ausgewiesen.

Period/Year 6 2022 Period Status Closing Entries Completed
Curr./Valuation 30 Group currency EUR
Value Actual Value Level + Lower Level Fixed + Variable
View PS Price Determination Structure
Prices
Standard Price 138,58 Prc. Ctrl S

Abbildung 6.4: Legaler S-Preis

In Abbildung 6.5 sehen Sie den Konzernwert. Die Periode 6/2022 wurde gewählt, da hier die Ist-Buchungen betrachtet werden.

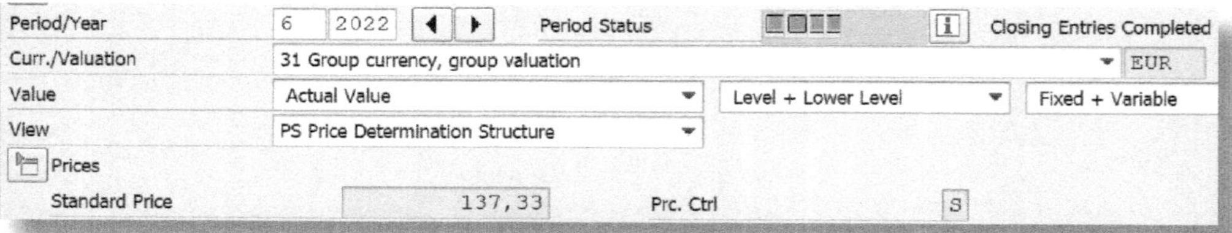

Abbildung 6.5: Konzern-S-Preis

Damit dieser Konzernwert bei der Kalkulation in den Transaktionen *CK11N* und *CK40N* berücksichtigt wird, müssen Sie

- einen User-Exit erstellen und
- einen Trigger finden, der bei der Kalkulationsvariante der Konzernbewertung dieses Systemverhalten auslöst.

Hierzu tragen wir in unserem Beispiel in den Stammdaten zu den relevanten Materialien in der Kalkulationssicht den Wert *IR* in das Feld Sonderbeschaffungsschlüssel (SpecProcurem Costing) ein (siehe Abbildung 6.6).

Dieser Wert wird beim Ausführen der Konzernkalkulation durch den User-Exit gefunden und somit von der Kondition ZISG als Einkaufspreis gezogen. Es gilt allerdings zu berücksichtigen, dass Sie bei diesem Vorgehen – trotz User-Exit – keinen Eintrag in die Komponente I/C-Marge erhalten – da das relevante Feld in der gesamten Routine nicht befüllt werden kann.

Mit der Freigabe der Kalkulationen werden dann diese ermittelten Werte im Materialstamm und in den relevanten Material-Ledger-Tabellen gespeichert. Somit stehen sie für die folgenden Transaktionen zur Verfügung.

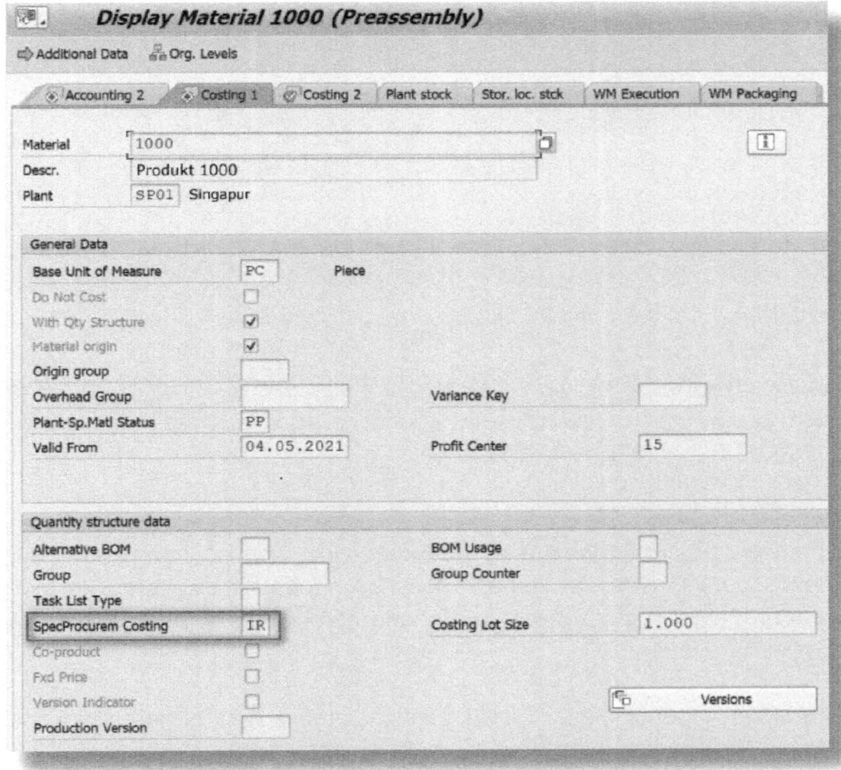

Abbildung 6.6: Materialstamm – Sicht Kalkulation 1, mit Sonderbeschaffungsschlüssel IR

6.1.2 Ermittlung des Konzern-PVP

Um einen korrekten PVP aus Konzernsicht zu ermitteln, benötigen Sie

- für die Warenbewegungen und Rechnungseingänge entsprechende legale und Konzerneinkaufspreise sowie
- den Einsatz des BAdI ES_BADI_MRM_TRANSFER_PRICE (siehe Abbildung 6.7).

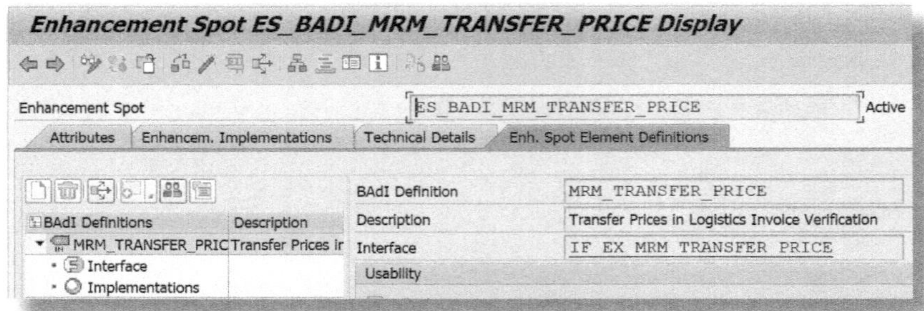

Abbildung 6.7: BAdI ES_BADI_MRM_TRANSFER_PRICE

Dieses BAdI bewirkt, dass bei der Buchung des Rechnungseingangs der korrekte Konzernwert ermittelt wird – ergo, **nicht** beim Wareneingang.

Folglich müssen Sie sicherstellen, dass nebst Wareneingang immer auch ein Rechnungseingang gebucht wird. Der Rechnungseingang sollte idealerweise am selben Tag erfolgen, damit Sie zum Ultimo – und für die Ist-Preis-Ermittlung (Konzern-PVP) – die richtigen Werte im System haben.

Zum Verständnis dieser Lösung möchte ich zuerst erklären, welche Werte für eine korrekte Bewertung erwartet werden. Sinngemäß entspricht dies den Buchungen in Abschnitt 5.5.

In unserem Beispiel sind folgende Werte relevant:

- legaler Einkaufspreis (IS GROSS PRICE, siehe Abbildung 6.8): 16,81 USD je 100 Einheiten am 29.03.2022
- Konzerneinkaufspreis (IS GROUP PRICE, siehe Abbildung 6.9): 16,66 USD je 100 Einheiten am 29.03.2022
- Menge (siehe Abbildung 6.10): 49.547 Einheiten
- Umrechnungskurs am 29.03. 2022 (siehe Abbildung 6.11): 1,0966 USD/EUR

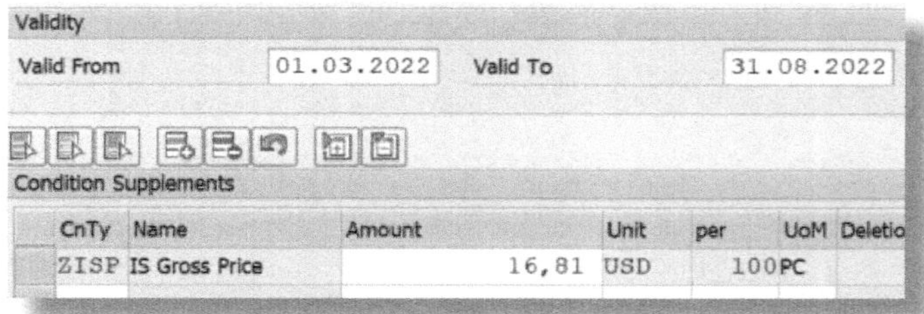

Abbildung 6.8: Legaler Einkaufspreis

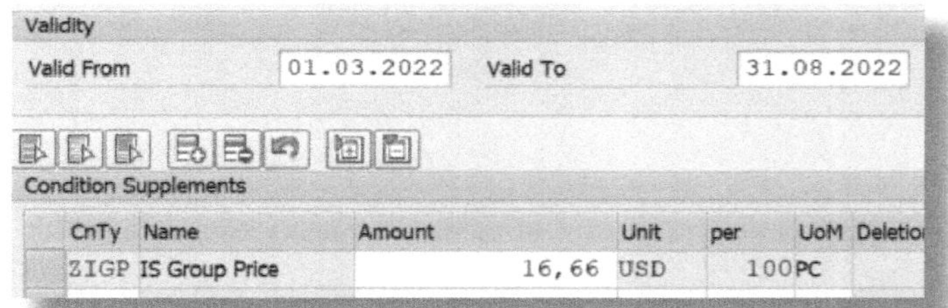

Abbildung 6.9: Konzerneinkaufspreis

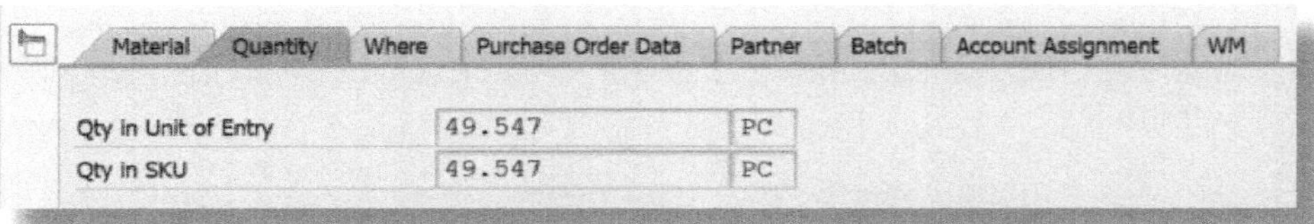

Abbildung 6.10: Einkaufsmenge in Bestellung

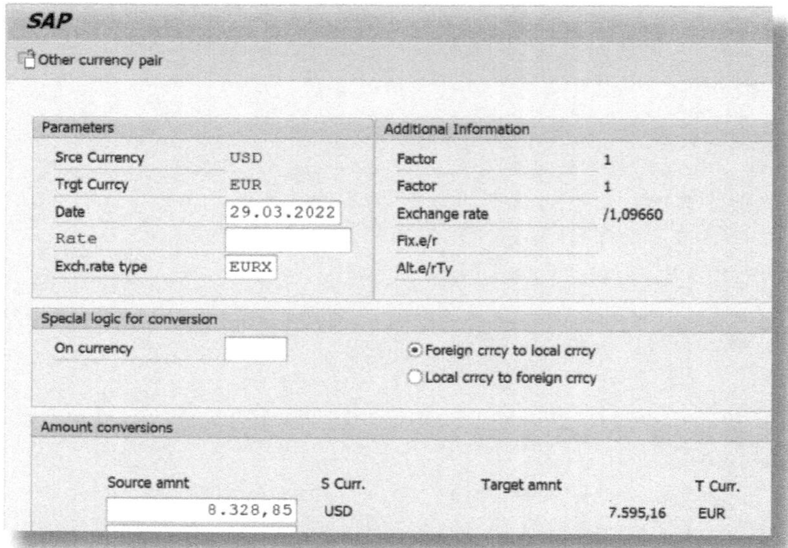

Abbildung 6.11: Umrechnung USD/EUR

Mittels dieser Werte lassen sich die zu erwartenden Buchungen, die man mit der Transaktion *FB03* aufrufen kann, für den Wareneingang ermitteln:

- Vorgang BSX – S-Preis mal Menge:
  - legal: 138,58 EUR/1.000 × 49.547 = 6.866,22 EUR
  - Konzern: 137,33 EUR/1.000 × 49.547 = 6.804,29 EUR
- Vorgang WRX: Rechnungspreis (STO) mal Menge:
  - legal: 16,81 USD/100 × 49.547/1,0966 = 7.595,16 EUR
  - Konzern: BSX-Wert des Senders = 16,66 USD/100 × 49.547/1,0966 = 7.527,38 EUR
- Vorgang PRD: WRX minus BSX:
  - legal: 7.595,16 EUR - 6.866,22 EUR = 728,94 EUR
  - Konzern: 7.527,38 EUR - 6.804,29 EUR = 723.09 EUR

Dies sind die Zahlen, die das System ermitteln würde, wenn das Senderwerk mit allen Werten in SAP abgebildet wäre. Da es aber in diesem

Fall nicht vorhanden ist, kann SAP auch den S-Preis aus dem amerikanischen Werk nicht auslesen. Das bedeutet:

- Der BSX-Wert des Senders (Konzern) in Höhe von 7.527,38 EUR kann nicht gefunden werden. Daher wird gemäß Programmlogik der BSX-Wert des Empfängers (6.804,29 EUR) gezogen.
- Die Preisdifferenz in Höhe von 723,09 EUR kann infolgedessen im Wareneingangsbeleg nicht ermittelt werden, weil in diesem Fall für den Konzernwert gilt: BSX-Wert entspricht dem WRX-Wert. Infolgedessen ist der PRD-Wert gleich null.

Der Wareneingangsbeleg in Abbildung 6.12 sieht somit wie folgt aus:

- Vorgang BSX: S-Preis mal Menge:
  - legal: 138,58 EUR/1.000 × 49.547 = 6.866,22 EUR
  - Konzern: 137,33 EUR/1.000 × 49.547 = 6.804,29 EUR
- Vorgang WRX: Rechnungspreis (STO) mal Menge:
  - legal: 16,81 USD/100 × 49.547/1,0966 = 7.595,16 EUR
  - Konzern: BSX-Wert des Empfängers = 6.804,29 EUR
- Vorgang PRD: Differenz BSX versus WRX:
  - legal: 7.595,16 EUR – 6.866,22 EUR = 718,94 EUR
  - Konzern: 6.804,29 EUR – 6.804,29 EUR = 0,00 EUR

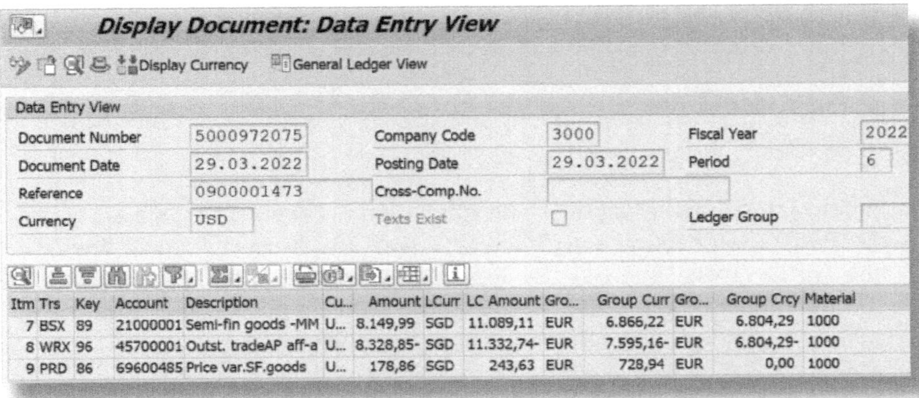

Display Document: Data Entry View

Display Currency General Ledger View

Data Entry View

Document Number	5000972075	Company Code	3000	Fiscal Year	2022
Document Date	29.03.2022	Posting Date	29.03.2022	Period	6
Reference	0900001473	Cross-Comp.No.			
Currency	USD	Texts Exist	☐	Ledger Group	

Itm	Trs	Key	Account	Description	Cu...	Amount	LCurr	LC Amount	Gro...	Group Curr	Gro...	Group Crcy	Material
7	BSX	89	21000001	Semi-fin goods -MM	U...	8.149,99	SGD	11.089,11	EUR	6.866,22	EUR	6.804,29	1000
8	WRX	96	45700001	Outst. tradeAP aff-a	U...	8.328,85-	SGD	11.332,74-	EUR	7.595,16-	EUR	6.804,29-	1000
9	PRD	86	69600485	Price var.SF.goods	U...	178,86	SGD	243,63	EUR	728,94	EUR	0,00	1000

Abbildung 6.12: Wareneingangsbuchung in FI

Da nun die Werte in der Konzernbewertung nicht korrekt sind, werden diese bei der Buchung des Rechnungseingangs korrigiert (siehe Abbildung 6.13):

- Der Rechnungsbetrag (Vorgang KBS) ergibt sich in diesem Fall (da gilt: Rechnungseingang gleich Wareneingang) wie üblich aus Bestellpreis × Menge × Kurs, also: 16,81 USD/100 × 49.547/1,0966 = 7.595,16 EUR. Er entspricht somit dem legalen WRX-Wert. Dieser ist für alle Bewertungen (abgesehen von der Währung) identisch, also gleich für die Währungsschlüssel 30 und 31. Bitte beachten Sie, dass im Beleg 3000180452 mehrere Wareneingänge gebucht wurden, daher ist der Betrag in der Zeile 1, Vorgang KBS, höher als die erwähnten 7.595,16 EUR.
- Der WRX-Wert in Belegzeile 21 für die Gegenbuchung ist der »umgekehrte« Wert aus dem Wareneingang, also 6.804,29 EUR für die Konzernbewertung.
- Ebenso wird mithilfe der BAdI-Funktion der PRD-Wert in der Belegzeile 22 ermittelt:
  - gebuchter WRX-Wert: 6.804,29 EUR
  - korrekter WRX-Wert: 7.527,38 EUR
  - Differenz ergibt den PRD-Wert: 723,09 EUR
- Schließlich wird nun die Differenz zwischen KSB-, WRX- und PRD-Wert als I/C-Marge (mit Vorgang TCV) in Zeile 32 dargestellt:
  - −7.595,16 EUR + 6.804,29 EUR + 723,09 EUR = 67,78 EUR

Im Ergebnis führt die Summe aller Buchungen zu einer korrekten Konzernbewertung.

In der Materialpreisanalyse (siehe Abbildung 6.14) erkennen Sie, dass die Preisdifferenzbuchung (PriceDiff) vom ML korrekt mitgeschrieben wird – wenn auch in der Rechnungszeile (723,09 EUR in Zeile 1032583463 Invoice 7200513919/100). Somit geht diese Differenz auch in die Ist-Preis-Ermittlung am Monatsende ein.

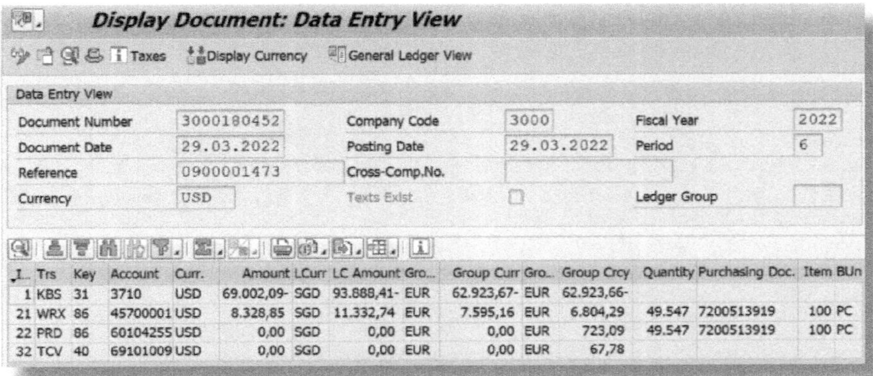

I...	Trs	Key	Account	Curr.	Amount	LCurr	LC Amount	Gro...	Group Curr	Gro...	Group Crcy	Quantity	Purchasing Doc.	Item	BUn
1	KBS	31	3710	USD	69.002,09-	SGD	93.888,41-	EUR	62.923,67-	EUR	62.923,66-				
21	WRX	86	45700001	USD	8.328,85	SGD	11.332,74	EUR	7.595,16	EUR	6.804,29	49.547	7200513919	100	PC
22	PRD	86	60104255	USD	0,00	SGD	0,00	EUR	0,00	EUR	723,09	49.547	7200513919	100	PC
32	TCV	40	69101009	USD	0,00	SGD	0,00	EUR	0,00	EUR	67,78				

Abbildung 6.13: Rechnungseingangsbuchung in FI

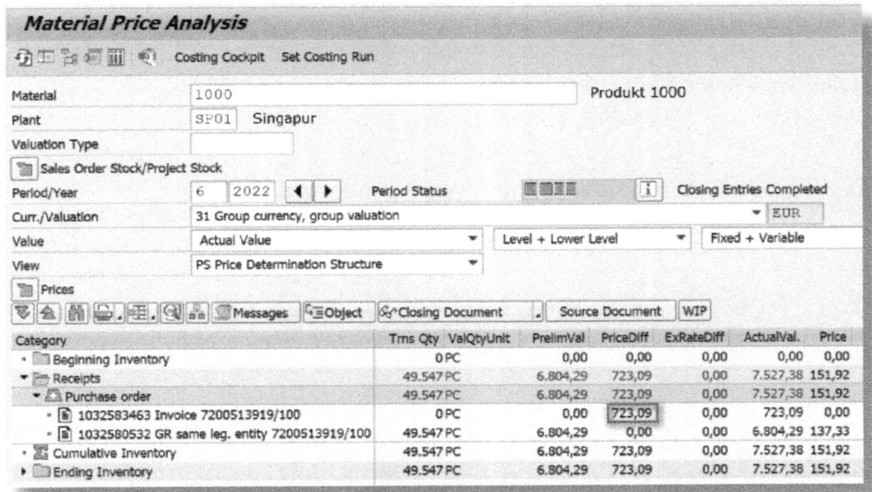

Category	Trns Qty	ValQtyUnit	PrelimVal	PriceDiff	ExRateDiff	ActualVal.	Price
Beginning Inventory	0	PC	0,00	0,00	0,00	0,00	0,00
Receipts	49.547	PC	6.804,29	723,09	0,00	7.527,38	151,92
Purchase order	49.547	PC	6.804,29	723,09	0,00	7.527,38	151,92
1032583463 Invoice 7200513919/100	0	PC	0,00	723,09	0,00	723,09	0,00
1032580532 GR same leg. entity 7200513919/100	49.547	PC	6.804,29	0,00	0,00	6.804,29	137,33
Cumulative Inventory	49.547	PC	6.804,29	723,09	0,00	7.527,38	151,92
Ending Inventory	49.547	PC	6.804,29	723,09	0,00	7.527,38	151,92

Abbildung 6.14: Materialpreisanalyse für Konzernwert mit Preisdifferenz zum Rechnungseingang

Die Verarbeitung des legalen Werts verläuft wie üblich (siehe Abbildung 6.15).

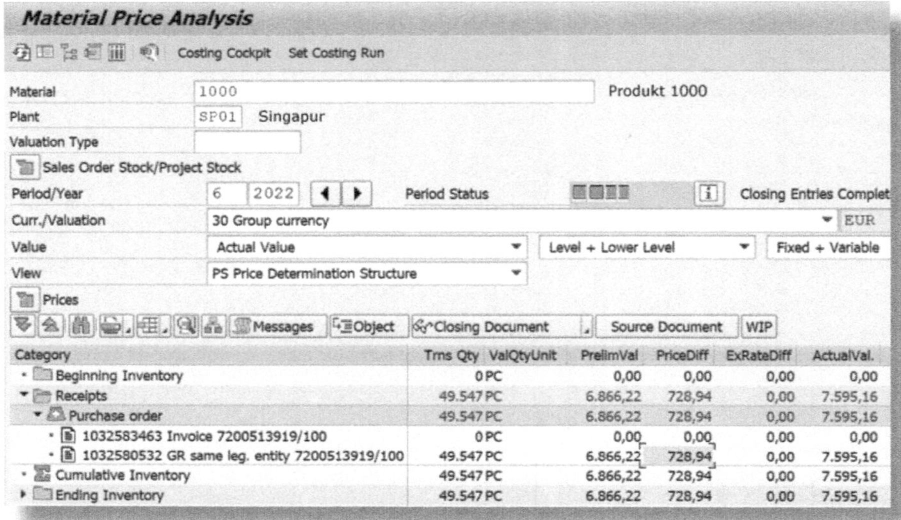

Abbildung 6.15: Materialpreisanalyse für legalen Wert mit Preisdifferenz zum Wareneingang

Die Preisdifferenz wurde mit dem Wareneingang verbucht.

6.2 AVR und getrennter Ist-Lauf für legale und Konzernbewertung

Parallel zu einem periodischen Lauf im ML (wie in Abschnitt 5.6 dargestellt) können Sie alternative Bewertungsläufe einsetzen, genannt *Alternative Valuation Runs (AVR)*. Ein AVR kann folgende Anforderungen erfüllen:

- Ermittlung von Ist-Bewertungspreisen, denen ein kumulierter Zeitraum zugrunde liegt
- Bewertungen nach verschiedenen Rechnungslegungsvorschriften
- Bewertung mit unterschiedlichen Tarifen aus der Kostenstellenrechnung

In diesem Kapitel soll das Szenario eines lokalen versus eines globalen Laufs erklärt werden, die jeweils auf bestimmte Bewertungssichten beschränkt sind.

Für manche Unternehmen ist es aus zeitlichen Gründen (Thematik Fast Close) nicht möglich, mit dem legalen Abschluss so lange zu warten, bis alle Vorbereitungen für einen Konzernlauf durchgeführt sind.

Wenn man beispielsweise auf einem globalen SAP-System Produktionsstätten in Asien, Europa und Amerika hat, dann müssen die Mitarbeiter in Asien die Arbeiten am Monatsabschluss nach der Abrechnung der Fertigungsaufträge vorerst beenden. Erst wenn auch in Europa und Amerika dieser Schritt erfolgreich umgesetzt ist, kann der (legale und globale) Monatsabschluss im ML erfolgen.

Daher bietet SAP nun die Möglichkeit an, getrennte Ist-Läufe einerseits für die legale Bewertung (Währungsschlüssel 10, 30 etc.) und andererseits für die Konzernbewertung (Währungsschlüssel 11, 31 etc.) oder die Profitcenter-Bewertung (Währungsschlüssel 12, 32 etc.) durchzuführen. Die Konzern- oder Profitcenter-Bewertung wird aus dem periodischen Kalkulationslauf herausgenommen und als »Globaler Lauf« unabhängig davon durchgeführt.

Für die Nutzung der separierten Bewertungsläufe müssen Sie in der Steuerungstabelle CKMLMVADMIN für den ML den Eintrag *ACT_LEGAL_ONLY* hinzufügen (siehe Abbildung 6.16).

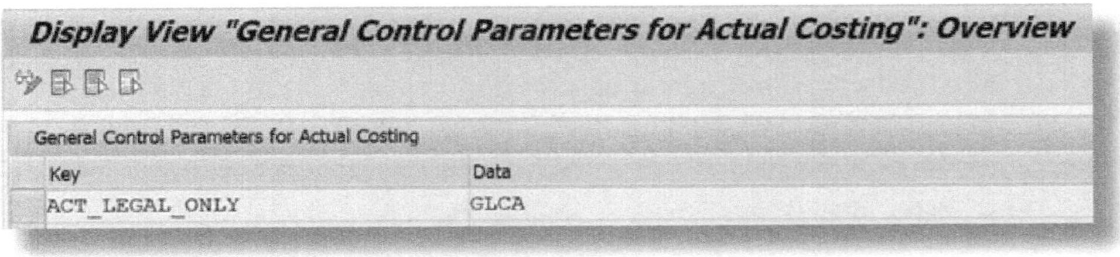

Display View "General Control Parameters for Actual Costing": Overview

General Control Parameters for Actual Costing

Key	Data
ACT_LEGAL_ONLY	GLCA

Abbildung 6.16: Tabelle CKMLMVADMIN

Im Feld DATA definieren Sie den Kostenrechnungskreis, für den Sie eine Trennung der Bewertungsläufe vorsehen möchten. In diesem Beispiel heißt er *GLCA*.

6.2.1 Anlegen des legalen Laufs

Mit der Transaktion *CKMLCP* legen Sie einen Monatslauf an, wie in Abschnitt 5.6 dargestellt (siehe Abbildung 6.17).

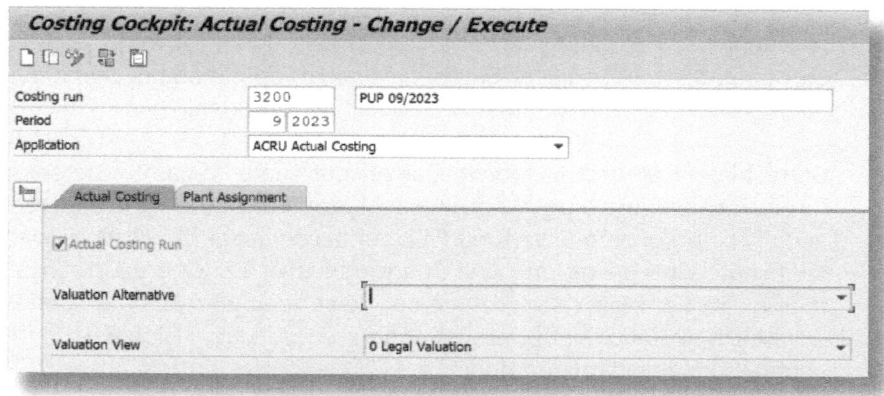

Abbildung 6.17: Legaler Lauf – Anlage

Für jeden Buchungskreis (oder auch jede Region) ist ein eigener buchender Bewertungslauf erforderlich. Die Parameter sind dabei wie folgt zu pflegen:

- Geben Sie als Bezeichnung für den Kalkulationslauf (COSTING RUN) einen Wert ein, in dem idealerweise der Buchungskreis verschlüsselt ist.
- Periode und Jahr (PERIOD) pflegen Sie wie üblich.
- Im Feld VALUATION VIEW ist der Eintrag *0 – Legal Valuation* erforderlich.
- Im Register der Werkszuordnung (PLANT ASSIGNMENT) wählen Sie alle Werke für den definierten Buchungskreis aus.

Die Bewertungsläufe für legale und Konzernsicht können nun einzeln, je Buchungskreis/Region und unabhängig voneinander durchgeführt werden. Somit ist kein Warten mehr nötig!

In Abbildung 6.18 ist das Verarbeitungscockpit für einen solchen Lauf zu sehen – in unserem Fall für den Buchungskreis 3200 (Wert im Feld COSTING RUN).

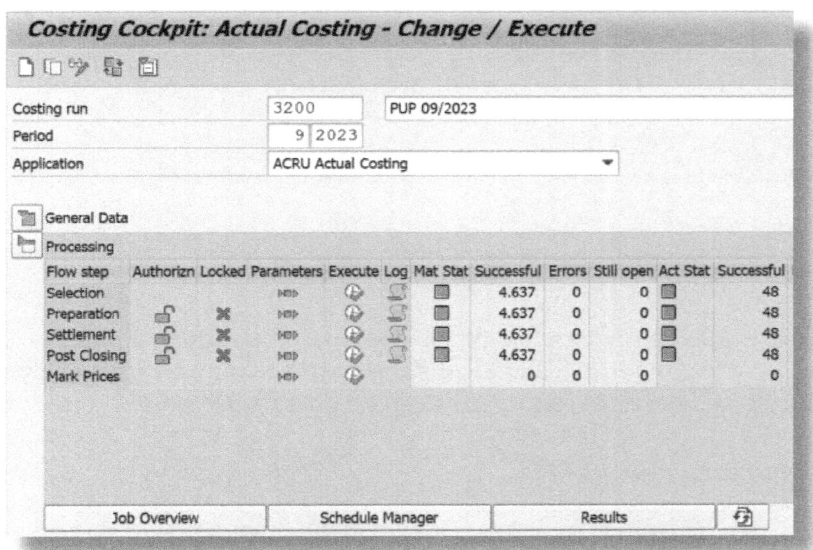

Abbildung 6.18: Legaler Lauf – Ergebnis

Nach Durchführung der Abschlussbuchungen werden nur die gesammelten Preisdifferenzen der legalen Bewertungssichten 10 und 30 den Verbräuchen bzw. dem Endbestand zugeordnet und verbucht. Differenzen der Konzernbewertung (Bewertungssicht 31) werden zu diesem Zeitpunkt nicht weiterverrechnet und daher auch in der Materialpreisanalyse als nicht verrechnete Differenzen ausgewiesen.

In der Darstellung des Ergebnisses im legalen Lauf und der Materialpreisanalyse für die legalen Sichten – wie in Abbildung 6.19 zu sehen – gibt es keinen Unterschied zum gemeinsamen Lauf.

Category	Trns Qty V...	PrelimVal	Price...	ExRate...	ActualVal.	Price
Beginning Inventory	29.690 PC	667,73	0,00	0,00	667,73	22,49
Receipts	22.100 PC	497,03	651,40	0,00	1.148,43	51,97
Cumulative Inventory	51.790 PC	1.164,76	651,40	0,00	1.816,16	35,07
Ending Inventory	51.790 PC	1.164,76	651,40	0,00	1.816,16	35,07

Abbildung 6.19: Materialpreisanalyse – legale Sicht

Wenn Sie jedoch in dieser Sicht auf die Konzernbewertung umstellen – wie in Abbildung 6.20 illustriert –, scheinen die nicht verrechneten Differenzen (in der Zeile NOT ALLOCATED) für diese Sicht auf.

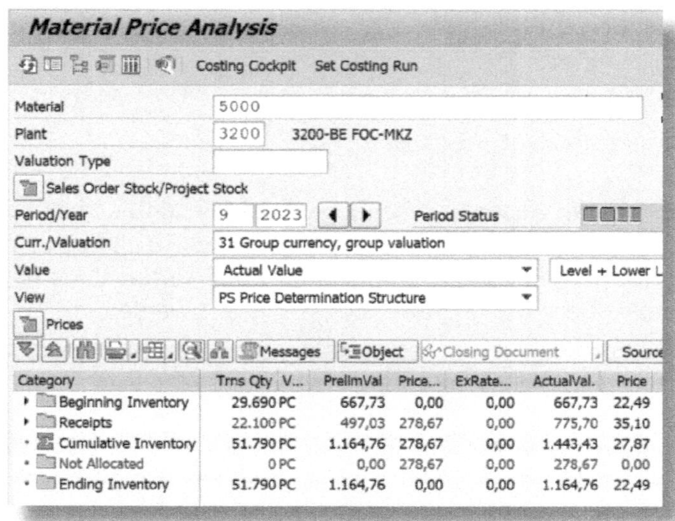

Category	Trns Qty V...	PrelimVal	Price...	ExRate...	ActualVal.	Price
Beginning Inventory	29.690 PC	667,73	0,00	0,00	667,73	22,49
Receipts	22.100 PC	497,03	278,67	0,00	775,70	35,10
Cumulative Inventory	51.790 PC	1.164,76	278,67	0,00	1.443,43	27,87
Not Allocated	0 PC	0,00	278,67	0,00	278,67	0,00
Ending Inventory	51.790 PC	1.164,76	0,00	0,00	1.164,76	22,49

Abbildung 6.20: Materialpreisanalyse – Konzernsicht nach legalem Lauf

Diese Darstellung für die Konzernbewertung bleibt bestehen. Die Anwender erkennen auf diese Weise, dass die Daten für diese Darstellung weder korrekt noch relevant sind.

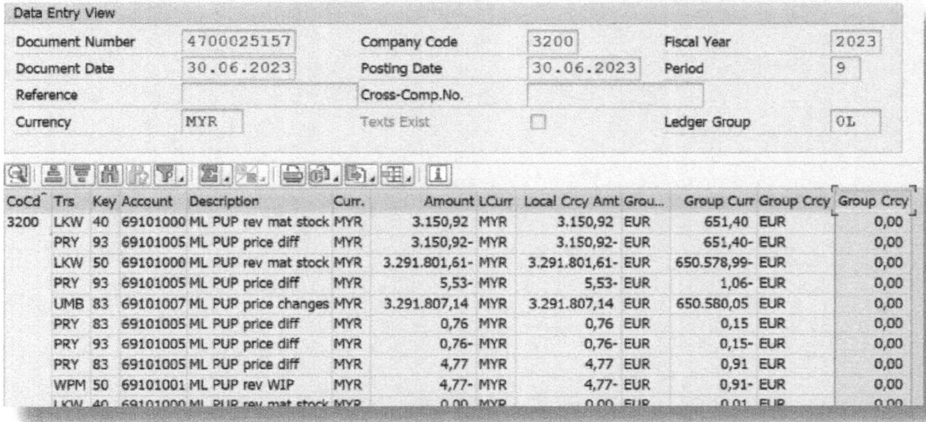

CoCd	Trs	Key	Account	Description	Curr.	Amount	LCurr	Local Crcy Amt	Grou...	Group Curr	Group Crcy	Group Crcy
3200	LKW	40	69101000	ML PUP rev mat stock	MYR	3.150,92	MYR	3.150,92	EUR	651,40	EUR	0,00
	PRY	93	69101005	ML PUP price diff	MYR	3.150,92-	MYR	3.150,92-	EUR	651,40-	EUR	0,00
	LKW	50	69101000	ML PUP rev mat stock	MYR	3.291.801,61-	MYR	3.291.801,61-	EUR	650.578,99-	EUR	0,00
	PRY	93	69101005	ML PUP price diff	MYR	5,53-	MYR	5,53-	EUR	1,06-	EUR	0,00
	UMB	83	69101007	ML PUP price changes	MYR	3.291.807,14	MYR	3.291.807,14	EUR	650.580,05	EUR	0,00
	PRY	83	69101005	ML PUP price diff	MYR	0,76	MYR	0,76	EUR	0,15	EUR	0,00
	PRY	93	69101005	ML PUP price diff	MYR	0,76-	MYR	0,76-	EUR	0,15-	EUR	0,00
	PRY	83	69101005	ML PUP price diff	MYR	4,77	MYR	4,77	EUR	0,91	EUR	0,00
	WPM	50	69101001	ML PUP rev WIP	MYR	4,77-	MYR	4,77-	EUR	0,91-	EUR	0,00

Abbildung 6.21: FI-Beleg zu legalem Lauf

Wenn Sie sich den FI-Beleg zum legalen Lauf in Abbildung 6.21 ansehen, stellen Sie fest, dass für die

- legale Bewertung (Währungsschlüssel 10 und 30) Werte gebucht wurden, aber für die
- Konzernsicht keine Werte in diesem FI-Beleg vorhanden sind.

6.2.2 Separater Konzernbewertungslauf

Nun ist in einem zweiten Schritt ein eigener Bewertungslauf mit der Transaktion *CKMLCPAVR* für die Konzernbewertung anzulegen. Hierzu verwenden Sie die Technik des alternativen Bewertungslaufs, in dem alle Werke des Konzerns zugeordnet werden.

Rufen Sie die Transaktion *CKMLCP* auf (siehe Abbildung 6.22).

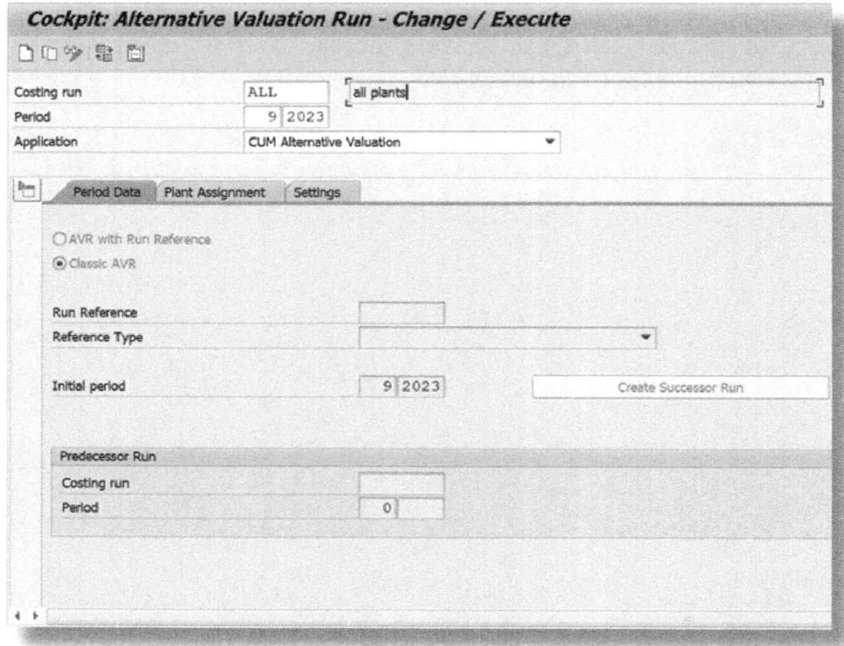

Abbildung 6.22: Konzernlauf – Anlage

Unter dem Reiter PERIOD DATA müssen Sie folgende Punkte beachten:

- Der Radiobutton CLASSIC AVR muss markiert sein.
- Der Kumulationszeitraum entspricht einem Monat (Buchungsperiode = Anfangsperiode).

Unter SETTINGS nehmen Sie diese Einstellungen vor (siehe Abbildung 6.23):

- Der Lauf ist als buchender Lauf (POSTING RUN) anzulegen.
- Der Tarif für Leistungsbewertung (PRICE FOR ACT.VAL.) muss der Ist-Tarif der Periode *(7 – Actual price for the period)* sein.
- Kostenstellen sind zu entlasten (Häkchen bei CREDIT COST CENTER).

- Unter PRICE FOR CUMULAT.: LEGAL tragen Sie die Version ein, die für ML angelegt wurde (hier *ML0*).
- Analog verfahren Sie im Feld PRICE IN GROUP VALUATION.
- Im Feld für die Bewertungssicht (VALUATION VIEW) wählen Sie *1 – Group Valuation* aus.

Im Register für die Werkszuordnung (PLANT ASSIGNMENT) nehmen Sie alle Werke des Konzerns auf.

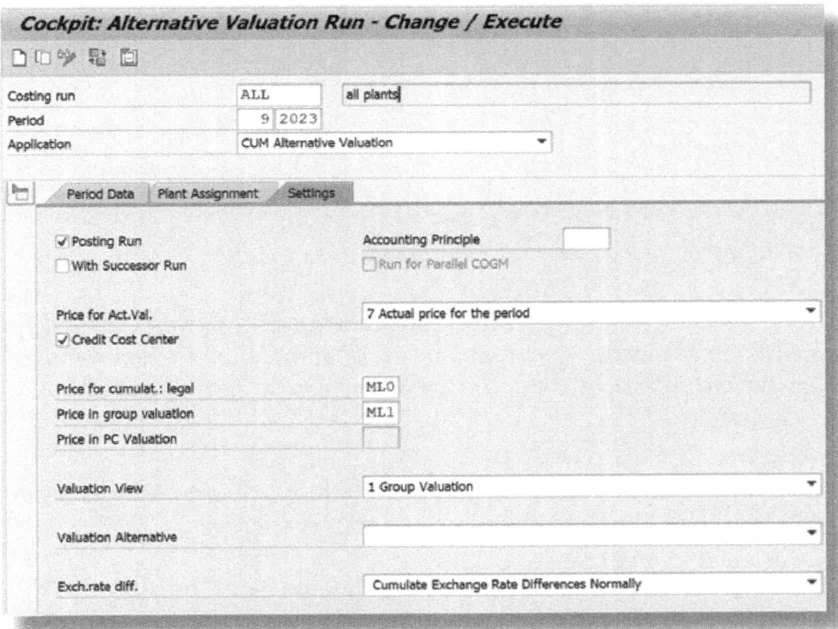

Abbildung 6.23: Konzernlauf – Einstellungen

Speichern Sie diese Einstellungen und starten Sie den Lauf. Alle Schritte sind wie üblich durchzuführen (siehe Abbildung 6.24), auch der Schritt »Kostenstellen-Ist-Tarife«. Beachten Sie, dass im Bewertungslauf die Ist-Tarife der Kostenstellen im Verarbeitungsschritt DETERMINE ACTUAL PRICES zu ermitteln sind.

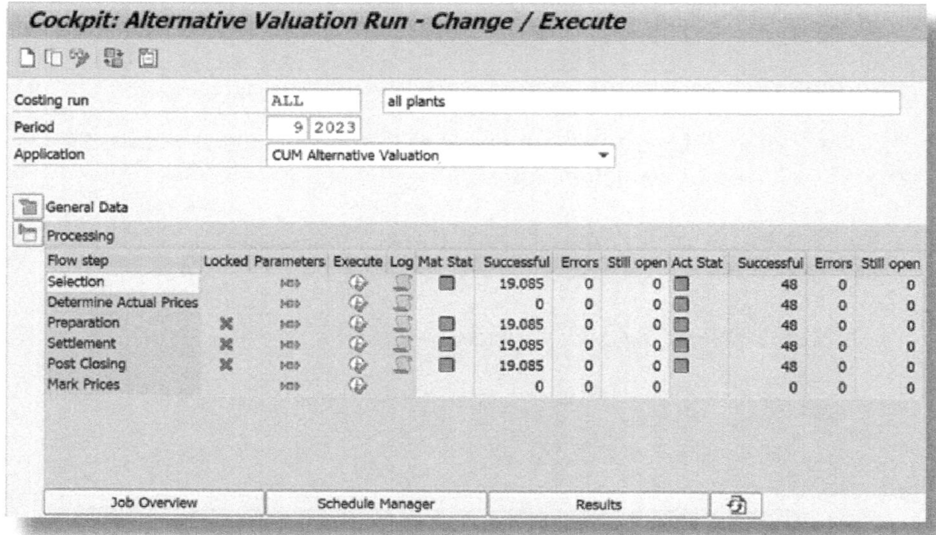

Abbildung 6.24: Konzernlauf – Ergebnis

Nach der Durchführung der Abschlussbuchung im Bewertungslauf für die Konzernbewertung werden nur die gesammelten Preisdifferenzen der Bewertungssicht 31 den Verbräuchen bzw. dem Endbestand zugeordnet.

Die Materialpreisanalyse nach Durchführung des alternativen Bewertungslaufs für die Konzernbewertung zeigt Abbildung 6.25.

Beachten Sie, dass Sie über den Menüpunkt SET COSTING RUN den alternativen Bewertungslauf auswählen müssen. Dies wird anschließend auch im Kopf der Materialpreisanalyse angezeigt. Nun sind alle Preisdifferenzen für die Konzernsicht verteilt und verrechnet.

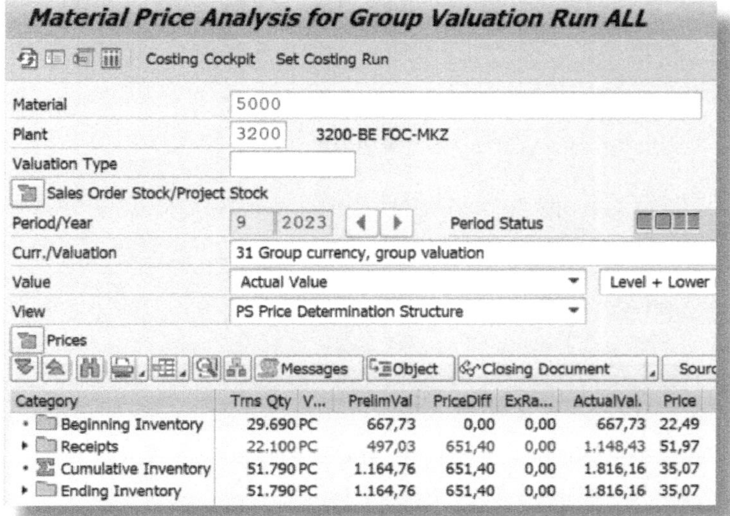

Abbildung 6.25: Materialpreisanalyse – Konzernsicht

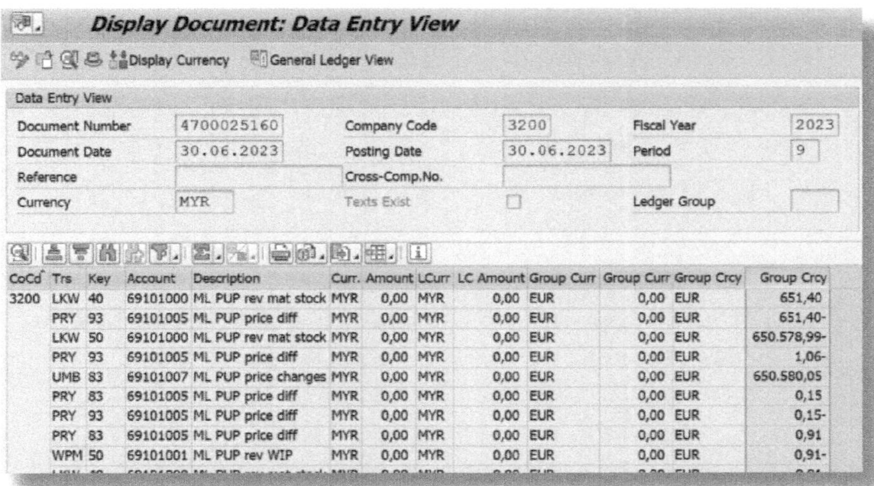

Abbildung 6.26: FI-Beleg zu Konzernlauf

Abbildung 6.26 zeigt den FI-Abschlussbeleg:

- Für die legale Bewertung (Währungsschlüssel 10 und 30) wurden keine Werte gebucht.
- Jedoch sind alle Werte zur Konzernsicht vorhanden.

So können Sie in den älteren S/4HANA-Versionen die Läufe für die unterschiedlichen Bewertungen trennen.

Hier haben sich seit Kurzem Änderungen ergeben, die ich in Abschnitt 6.3 erkläre.

SAP-Hinweise

Der Hinweis 3202333 mit Angaben zur Konfiguration ist für Pilotkunden freigegeben. Im Feld »Data« für den Schlüssel ACT_LEGAL_ONLY muss jener Kostenrechnungskreis stehen, für den Sie die Funktionalität nutzen wollen.

Folgende Hinweise sind außerdem zu installieren:

- 3169775 – Aktivierung des Szenarios »Globaler Lauf« in *CKMLC*
- 3171206 – Aktivierung des »Global Run Scenario« in *CKMLCP* (Cockpit – Pilot Release)
- 3327289 – Globaler Lauf: Selektion der Leistungen
- 3326833 – Globaler Lauf: falsche Fehlermeldung CKMLAVR262 (Pilot Release)
- 3202937 – Anpassung der Transaktionen *CKM3N* und *CKM3A* an das Szenario

6.3 Universal Parallel Accounting

Wie anfangs erwähnt, möchte ich noch ein paar Worte über das OnPremise-Release von SAP vom Herbst 2022 verlieren.

Mit diesem Release besteht die Möglichkeit, das sogenannte *Universal Parallel Accounting (UPA)* zu aktivieren. Es bewirkt, dass die unterschiedlichen Bewertungen in jeweils eigenen Ledgern abgebildet werden. Dies wiederum bedeutet, dass man die Wertflüsse und Bewertungen nicht mehr innerhalb eines Ledger über verschiedene Tools und Funktionen, wie z. B. (Plan-)Version, Währungs- und Bewertungsprofil, voneinander abgrenzen muss. Das System trennt sie nun selbst.

Im UPA gibt es – wie in Abbildung 6.27 dargestellt – die Option, ein Ledger je Bewertungsbereich, wie beispielsweise für die Konzernbewertung, anzulegen.

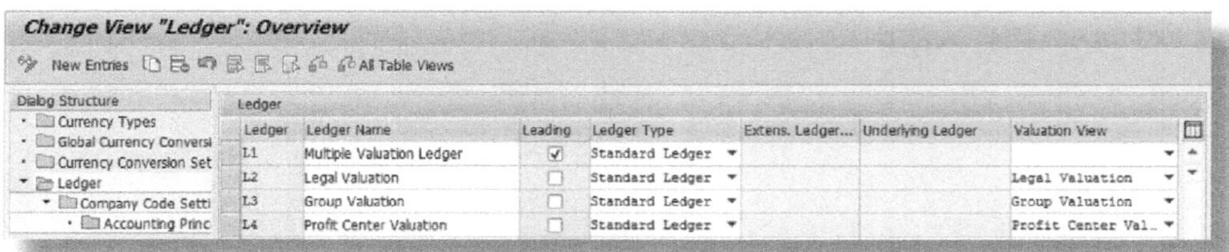

Abbildung 6.27: Ledger je Bewertungsstrategie

In den vorherigen Versionen (das Gleiche gilt auch für das aktuelle S/4HANA OP Release 2022 ohne Aktivierung des UPA) ergab sich auch die Herausforderung der »drei Währungen« für das Material-Ledger.

Durch den Einsatz des UPA haben Sie die Möglichkeit, je Ledger alle relevanten Währungsschlüssel zu hinterlegen. Sprich, Sie können im legalen Ledger die Währungsschlüssel 10, 30, 40, 60 oder eigene wie Z1 und Z2 verwenden und zugleich im Konzern-Ledger die Währungsschlüssel 11 und 31. Auch die Einschränkung, dass alle Buchungskreise die gleiche Geschäftsjahresvariante aufweisen müssen, fällt mit dem UPA weg.

Dies hat dann u. a. den Vorteil, dass Sie zu einem Materialstamm nicht nur drei, sondern beliebig viele Werte bzw. Bewertungen darstellen können (siehe Abbildung 6.28).

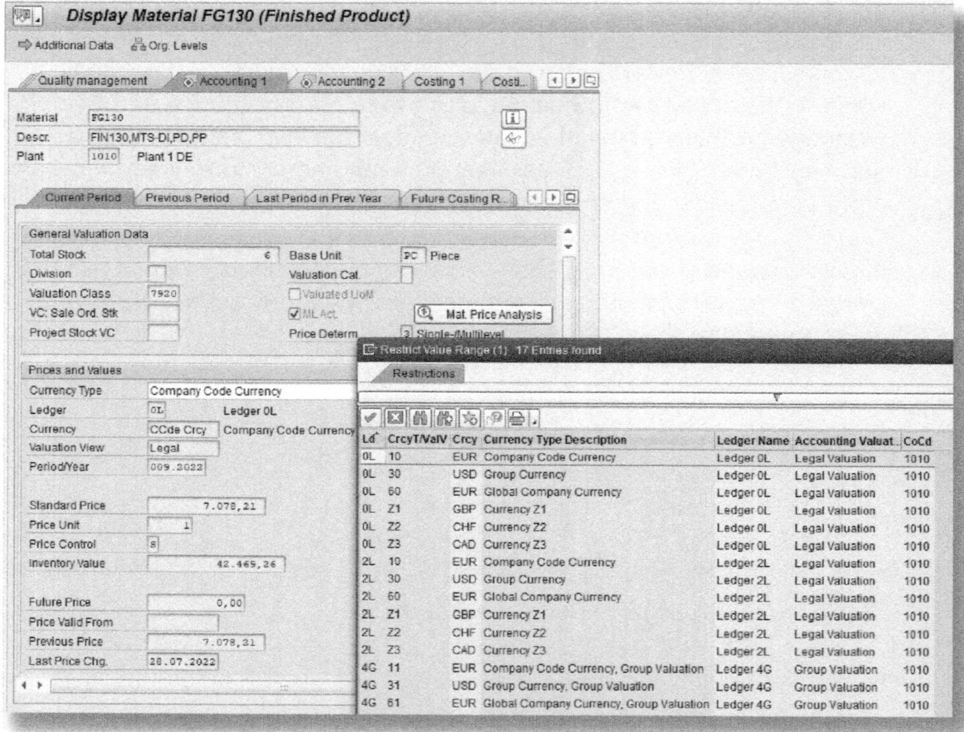

Abbildung 6.28: UPA – Materialstamm mit unterschiedlichen Bewertungen

Allerdings können Sie das UPA in einem produktiven S/4HANA-System nicht nachträglich aktivieren. Ob dies zu einem späteren Zeitpunkt möglich sein wird, ist derzeit offen. Sie müssen also, wenn Sie das UPA einsetzen möchten, einen sogenannten Greenfield-Approach wählen. Auch eine Migration von ECC nach S/4HANA mit UPA ist vorerst nicht durchführbar.

Aus diesen Gründen empfehle ich Ihnen dringend, die parallele Bewertung – falls Sie eine solche wünschen – von Anfang an in separaten Ledgern aufzusetzen.

7 Fazit

Insgesamt hoffe ich, dass die wesentlichen Funktionen der Konzernbewertung in SAP in diesem Buch verständlich dargestellt sind.

Nebst dem Vorteil, dass bei Aktivierung der Konzernbewertung der Konzernwert des Materials als (periodischer) S-Preis im Materialstamm fortgeschrieben wird, können Sie auch die buchungskreisübergreifende Ist-Kosten-Nachverrechnung für die Konzernbewertung umsetzen. Auf diese Art und Weise erhalten Sie den Konzern-PVP des relevanten Materials. So lassen sich die Entwicklung der Standard- und Ist-Kosten über die gesamte Produktion aller Produktionsstätten analysieren und die Abweichungen darstellen. Dies hilft auch bei Fragen, die die Schichtungen betreffen, wie z. B. »Welcher Partner erbringt welche wertmäßige Leistung?« oder »Was kann optimiert werden?«.

Nochmals möchte ich festhalten, dass die Konzernbewertung in S/4HANA nicht nachträglich eingeführt werden kann – entweder aktiviert man sie in ECC vor der S/4HANA-Migration (Brownfield) oder aber im Rahmen einer Neueinführung (Greenfield). Auch die Harmonisierung der Daten (z. B. ein einheitlicher Kontenplan und Kostenrechnungskreis sowie harmonisierte Materialstämme) ist ein Muss.

Bei der Einführung der Konzernbewertung spielt auch SiT (Stock-in-Transit) eine Rolle. Ich kenne nach wie vor viele Unternehmen, die SAP vor der Verfügbarkeit von SiT eingeführt und danach die Aktivierung dieser bereits seit Jahren verfügbaren Funktion leider bis heute nicht in Angriff genommen haben. Dabei ist sie nicht nur Voraussetzung für die buchungskreisübergreifende Ist-Kosten-Nachverrechnung – ich hoffe, ich konnte die Vorzüge von SiT für die Logistik und Finanzbuchhaltung gebührend darstellen.

Persönlich sehe ich die Konzernbewertung – mit der Ist-Kosten-Nachverrechnung – als ein Tool, das die Optimierung eines jeden SAP-Systems stetig vorantreibt. SAP ist, wie viele andere Systeme auch, stammdatengetrieben – und die Konzernbewertung setzt sorgfältig gepflegte Stammdaten voraus. Zudem trägt die Ist-Kosten-Nachverrechnung zur

Sicherstellung ordnungsgemäßer Warenbewegungen und zur korrekten Kontierung von Kosten bei, weil jegliche PVP-Auswertung nur unter solchen Voraussetzungen sinnvoll ist. Sprich: Ein Konzern-PVP ist nur dann verwendbar, wenn SAP nach einem sauberen Konzept arbeitet.

Als wertvolle Transaktion sehe ich die *CKM3N – Materialpreisanalyse*. Beginnend mit diesem Tool, kann man (meist) jede Frage der Kunden nach »Unregelmäßigkeiten« gut beantworten. Auch zur Darstellung des Materialflusses – und so beispielsweise zur Schulung neuer Mitarbeiter – ist *CKM3N* bestens geeignet.

Die Entwicklung und Auslieferung des UPA im Rahmen des S/4HANA-OP-Release 2022 zeigt klar, dass der SAP die stetig wachsenden Anforderungen der Kunden in diesem Bereich ein wesentliches Anliegen sind. Ich denke, dass man mit den neuen Funktionen einigen Problemen und Herausforderungen der »alten R/3-Welt« (wie beispielsweise der Begrenzung auf drei Währungstypen) gut begegnen kann.

C Disclaimer

Die in diesem Werk wiedergegebenen Gebrauchsnamen, Handelsnamen, Warenbezeichnungen usw. können auch ohne besondere Kennzeichnung Marken sein und als solche den gesetzlichen Bestimmungen unterliegen. Sämtliche in diesem Werk abgedruckten Bildschirmabzüge unterliegen dem Urheberrecht der SAP SE, Dietmar-Hopp-Allee 16, 69190 Walldorf.

In dieser Publikation wird auf Produkte der SAP SE Bezug genommen. SAP, R/3, SAP NetWeaver, Duet, PartnerEdge, ByDesign, SAP BusinessObjects Explorer, StreamWork und weitere im Text erwähnte SAP-Produkte und -Dienstleistungen sowie die entsprechenden Logos sind Marken oder eingetragene Marken der SAP SE in Deutschland und anderen Ländern. Business Objects und das Business-Objects-Logo, BusinessObjects, Crystal Reports, Crystal Decisions, Web Intelligence, Xcelsius und andere im Text erwähnte Business-Objects-Produkte und -Dienstleistungen sowie die entsprechenden Logos sind Marken oder eingetragene Marken der Business Objects Software Ltd. Business Objects ist ein Unternehmen der SAP SE. Sybase und Adaptive Server, iAnywhere, Sybase 365, SQL Anywhere und weitere im Text erwähnte Sybase-Produkte und -Dienstleistungen sowie die entsprechenden Logos sind Marken oder eingetragene Marken der Sybase Inc. Sybase ist ein Unternehmen der SAP SE. Alle anderen Namen von Produkten und Dienstleistungen sind Marken der jeweiligen Firmen. Die Angaben im Text sind unverbindlich und dienen lediglich zu Informationszwecken. Produkte können länderspezifische Unterschiede aufweisen.

Der SAP-Konzern übernimmt keinerlei Haftung oder Garantie für Fehler oder Unvollständigkeiten in dieser Publikation. Der SAP-Konzern steht lediglich für SAP-Produkte und -Dienstleistungen nach der Maßgabe ein, die in der Vereinbarung über die jeweiligen Produkte und Dienstleistungen ausdrücklich geregelt ist. Aus den in dieser Publikation enthaltenen Informationen ergibt sich keine weiterführende Haftung.

Weitere Bücher von Espresso Tutorials

Andreas Unkelbach, Martin Munzel:

Abschlussarbeiten im Gemeinkosten-Controlling in SAP S/4HANA®

- Stammdaten im Gemeinkosten-Controlling
- Neu in S/4HANA: die Universelle Verrechnung
- Verwaltung der Allokationszyklen
- Koordination der Abschlussarbeiten

http://5360.espresso-tutorials.de

Christoph Theis, Stefan Eifler:

Werteflüsse in die SAP®-Ergebnisrechnung (CO-PA) unter S/4HANA®

- Werteflüsse anhand des logistischen Verkaufs- und Produktionsprozesses
- Vergleich der kalkulatorischen mit der buchhalterischen Ergebnisrechnung
- Darstellung der Änderungen im Wertefluss im Vergleich zu SAP ERP
- Durchgehendes Zahlenbeispiel bis hin zu den Abschlusstätigkeiten

http://5394.espresso-tutorials.de